STOP AL NUCLEARE

Sognando un Mondo Senza Energia Nucleare e Bombe Atomiche

John Valentine

A coloro che sognano un mondo più sicuro e pacifico, questo libro è dedicato a voi. Ai curiosi, agli attivisti, agli studenti e a chiunque desideri comprendere meglio le complesse implicazioni dell'energia nucleare e delle armi atomiche.

È per coloro che credono che la conoscenza sia la luce che dissipa le tenebre dell'ignoranza, che la diplomazia possa superare l'ostilità e che l'arte e la cultura abbiano il potere di ispirare il cambiamento. Questo libro è per chi si sforza di fare la differenza in un mondo spesso dominato dalla paura e dalla divisione.

Ai sopravvissuti a incidenti nucleari, alle vittime degli orrori delle armi nucleari e a tutti coloro che hanno sofferto a causa del nucleare, la vostra resilienza e il vostro coraggio sono una fonte di ispirazione infinita.

Ai giovani che erediteranno il futuro del nostro pianeta, che siete carichi di idee e ideali, vi chiediamo di prendere in mano il testimone e portare avanti la lotta per un mondo senza nucleare.

Questo libro è una chiamata all'azione, un invito a riflettere e un'opportunità per apprendere. Che possa illuminare la vostra strada e rafforzare il vostro impegno per un mondo in cui la pace trionfa sulla minaccia nucleare.

Con speranza e determinazione,

John Valentine

C'è un potere straordinario nella nostra capacità di immaginare un mondo senza armi nucleari. È in quel sogno che troviamo la forza per trasformare la realtà.

JOHN VALENTINE

SOMMARIO

INTRODUZIONE

Benvenuti in "Stop al Nucleare: Sognando un Mondo Senza Energia Nucleare e Bombe Atomiche". Iniziamo questo viaggio esplorando un mondo complesso, dominato da forze tanto potenti quanto ambivalenti. Il nucleare, sia nell'ambito dell'energia che delle armi, ha plasmato il nostro pianeta in modi profondi ed irrevocabili. È una forza che ha il potenziale per generare prosperità o distruggere la vita sulla Terra.

Il nucleare è un tema che non può essere ignorato. Esso rappresenta una sfida scientifica, politica ed etica. Questo libro non si schiera mai, ma cerca piuttosto di fornire una panoramica equilibrata delle diverse dimensioni del nucleare, dal suo ruolo nelle centrali elettriche alla sua minaccia come strumento di distruzione di massa.

Nelle pagine che seguiranno, esploreremo le origini dell'energia nucleare e il suo sviluppo iniziale. Scopriremo il potenziale catastrofico delle armi nucleari e le lezioni apprese dagli incidenti nucleari di Fukushima e Chernobyl. Esamineremo anche il costo nascosto dell'energia nucleare, sia in termini ambientali che sanitari, e analizzeremo l'influenza dell'industria nucleare sulla politica.

Metteremo in luce il ruolo cruciale delle organizzazioni internazionali nel controllo nucleare e daremo uno sguardo agli sforzi globali per il disarmo nucleare. Esploreremo come la scienza e la tecnologia possano contribuire a promuovere la causa del disarmo, e analizzeremo il ruolo dei leader carismatici in questo processo.

Esamineremo inoltre il panorama dei movimenti per la pace e il disarmo nucleare in tutto il mondo, dando voce alle vittime del nucleare e riflettendo su come l'arte e la cultura possano sensibilizzare l'opinione pubblica. Immagineremo un mondo senza armi nucleari e considereremo le tensioni geopolitiche che ostacolano il disarmo.

Infine, esploreremo il ruolo dell'educazione, delle organizzazioni non governative e della responsabilità individuale nel promuovere il disarmo nucleare. E forniremo una roadmap per un mondo senza nucleare, delineando passi concreti per raggiungere questo obiettivo.

Questo libro è un invito alla riflessione, un'esplorazione di una delle sfide più urgenti e complesse del nostro tempo. È una chiamata all'azione, poiché il nucleare è un tema che richiede la partecipazione di tutti noi. Che siate studiosi, attivisti, politici o cittadini curiosi, vi invitiamo a esplorare il mondo del nucleare con mente aperta e spirito critico.

Siamo solo all'inizio di questo viaggio, e il destino del nucleare e del disarmo nucleare dipende dalle scelte che facciamo. Vi invitiamo a unirvi a noi mentre esaminiamo questo tema cruciale, in cerca di soluzioni e speranza per un futuro più sicuro e pacifico.

Buon viaggio.

John Valentine

PREFAZIONE

Benvenuti in quest'avventura letteraria, in un viaggio attraverso le profonde e complesse acque del nucleare, dove l'energia e le armi si intrecciano in una storia di progresso scientifico e sfide globali. Vi invito a esplorare le pagine di "Stop al Nucleare: Sognando un Mondo Senza Energia Nucleare e Bombe Atomiche."

Questo libro è nato dalla convinzione che il nucleare rappresenti uno dei temi più urgenti e significativi del nostro tempo. Dall'energia nucleare alle armi atomiche, il nucleare ha plasmato il nostro mondo in modi che spesso sfuggono alla comprensione immediata. È una forza potente che può essere sia alleata che minaccia per l'umanità, a seconda di come viene gestita.

L'energia nucleare ha promesso una fonte di elettricità pulita e abbondante, ma ha anche generato rifiuti radioattivi e alimentato paure di disastri atomici. Le armi nucleari, nel frattempo, hanno mantenuto il mondo in uno stato di equilibrio instabile durante la Guerra Fredda e al di là di essa, ma continuano a rappresentare una spada di Damocle sulla testa dell'umanità.

Nel corso di queste pagine, ci addentreremo nelle origini dell'energia nucleare, esploreremo le tragedie di Fukushima e Chernobyl e analizzeremo il potenziale catastrofico delle armi nucleari. Scopriremo il ruolo delle organizzazioni internazionali e dei movimenti globali nel promuovere il disarmo nucleare e getteremo uno sguardo al futuro incerto di questo campo cruciale.

"Stop al Nucleare" è un richiamo all'azione, un appello a una maggiore consapevolezza e un invito a sognare un mondo privo di nucleare. È un'opera che cerca di fornire informazioni approfondite, ma che incoraggia anche la riflessione critica e la discussione aperta.

L'energia nucleare e le armi atomiche non sono solo questioni di politica o scienza, ma sono temi che coinvolgono il destino dell'umanità e del nostro pianeta. Come individui, come comunità e come nazioni, abbiamo la responsabilità di affrontare queste sfide e lavorare insieme per un futuro più sicuro e pacifico.

Questo libro è stato scritto con la speranza che possiamo trovare il coraggio di affrontare la complessità del nucleare, la volontà di promuovere la pace e la determinazione di dire "Stop al Nucleare." Ogni pagina è un invito a unirsi a questo importante dialogo, a contribuire con idee e azioni, e a sognare con noi un mondo migliore.

Buona lettura e grazie per essere parte di questa ricerca per la pace nucleare.

Con gratitudine e impegno,

John Valentine

PROLOGO

In un angolo nascosto del mondo, dove la scienza incontra la politica, dove la promessa di progresso si scontra con l'ombra della distruzione, sorge la storia del nucleare. È una storia che si snoda tra laboratori di ricerca e sale riunioni diplomatiche, tra imponenti centrali nucleari e armi atomiche nascoste nei silos sotterranei. È una storia che ha cambiato il corso della storia umana, creando opportunità straordinarie e imponendo minacce inimmaginabili.

L'idea di dividere l'atomo, quella minuscola particella che costituisce la base della materia, è stata una delle scoperte scientifiche più rivoluzionarie del XX secolo. La capacità di estrarre l'energia intrappolata all'interno degli atomi ha aperto nuove frontiere per l'umanità. L'energia nucleare ha promesso una risorsa inesauribile per alimentare il nostro crescente bisogno di elettricità. Ha promesso una soluzione ai problemi energetici e ambientali del mondo.

Tuttavia, con questa promessa è venuta una minaccia spaventosa. La stessa scienza che ha reso possibile l'energia nucleare ha anche reso possibile la creazione di armi atomiche di una potenza mai vista prima. I bombardamenti di Hiroshima e Nagasaki nel 1945 sono stati un punto di svolta nella storia dell'umanità. Quelle esplosioni hanno sconvolto il mondo e segnato l'inizio dell'era nucleare.

Le armi nucleari hanno portato con sé il potenziale per la distruzione su scala globale. I leader mondiali si sono resi conto che possedere armi nucleari avrebbe garantito loro un posto al tavolo delle decisioni globali, ma avrebbe anche creato una spada di Damocle sulla testa dell'umanità. La Guerra Fredda è stata un periodo in cui il mondo è stato diviso tra due superpotenze armate fino ai denti, pronte a premere il grilletto nucleare in qualsiasi momento.

Nel mezzo di questa instabilità, l'energia nucleare è cresciuta come una risorsa energetica cruciale. Centrali nucleari sono state costruite in tutto il mondo, promuovendo la promessa di una fornitura continua di elettricità pulita. Ma con questo sviluppo è venuto un nuovo insieme di problemi: la gestione dei rifiuti radioattivi, il rischio di incidenti nucleari e la costante preoccupazione per la proliferazione nucleare.

Nel corso dei decenni, la politica nucleare è diventata un terreno di gioco complesso, dove le decisioni dei governi possono avere impatti globali. Gli accordi internazionali sono stati siglati per limitare la diffusione delle armi nucleari, ma la sfida del disarmo rimane sfuggente. Mentre alcune nazioni hanno smantellato le loro testate atomiche, altre hanno cercato di svilupparne di nuove.

Eppure, c'è speranza. Nel corso della storia, il mondo ha visto leader carismatici che hanno cercato attivamente il disarmo nucleare. Organizzazioni internazionali come l'Agenzia Internazionale per l'Energia Atomica (IAEA) e il Trattato per la non proliferazione nucleare (NPT) hanno lavorato per mantenere l'ordine nucleare.

I movimenti per la pace e il disarmo nucleare hanno guadagnato slancio in tutto il mondo. Persone comuni si sono unite per chiedere un mondo senza armi nucleari, per impegnarsi nella sensibilizzazione e per influenzare le politiche dei loro governi. L'arte e la cultura hanno giocato un ruolo importante nel promuovere questa causa, ispirando milioni di individui a riflettere sul nucleare in modi nuovi e creativi.

Questo libro è un tentativo di esplorare il nucleare in tutte le sue sfaccettature. Dalla scienza alla politica, dalla storia ai sogni per il futuro, siamo pronti a immergerci in questo mondo complesso. Scopriremo le origini dell'energia nucleare, esploreremo gli effetti devastanti delle armi atomiche e analizzeremo il costo nascosto dell'energia nucleare. Esamineremo il ruolo delle organizzazioni internazionali nel controllo nucleare e ci impegneremo a capire il contributo della scienza e della tecnologia al disarmo nucleare.

Inoltre, ci confronteremo con le storie di leader carismatici che hanno promosso il disarmo nucleare e esploreremo i movimenti globali per la pace e il disarmo nucleare. Daremo voce alle vittime del nucleare e cercheremo di comprendere come l'arte e la cultura possano sensibilizzare e ispirare l'opinione pubblica.

Questo libro è anche un appello all'azione. È un invito a sognare un mondo senza nucleare e a lavorare insieme per realizzare quel sogno. Il nucleare può essere un alleato o un nemico, ma la sua direzione dipende dalle scelte che facciamo. Siamo gli artefici del nostro futuro, e il nucleare è una delle sfide più pressanti che dobbiamo affrontare.

Siete pronti per questo viaggio? Preparatevi a esplorare il nucleare in tutte le sue dimensioni, a riflettere sulla nostra responsabilità come individui e come società, e a sognare un mondo senza nucleare.

CAPITOLO 1: LE ORIGINI DELL'ENERGIA NUCLEARE: UN'ANALISI STORICA DELLE PRIME APPLICAZIONI

L'energia nucleare è un concetto che ha radici profonde nella storia dell'umanità, anche se le applicazioni pratiche risalgono solo al XX secolo. La scoperta e lo sviluppo di questa forma di energia hanno plasmato il nostro mondo in modi profondi e complessi, portando con sé sia benefici straordinari che pericoli inquietanti. In questo capitolo, esploreremo le origini dell'energia nucleare e le prime applicazioni che hanno gettato le basi per la sua evoluzione.

La Scoperta del Nucleo Atomico e il Contributo di J. Robert Oppenheimer

La storia dell'energia nucleare inizia con la scoperta del nucleo atomico. Nel 1911, l'omonimo fisico Ernest Rutherford condusse l'esperimento di diffusione alfa, dimostrando che gli atomi contenevano un nucleo denso e carico positivamente al centro, circondato da elettroni in orbita. Questa scoperta ha gettato le basi per la comprensione dell'atomo e ha aperto la strada per futuri sviluppi nella fisica nucleare.

Un altro passo cruciale nella comprensione dell'energia nucleare è stato compiuto da Albert Einstein nel 1905, quando ha formulato la famosa equazione $E=mc^2$ nella sua teoria della relatività speciale. Questa equazione ha svelato il legame profondo tra massa ed energia, suggerendo che una piccola quantità di materia poteva essere convertita in una grande quantità di energia. Questo concetto sarebbe fondamentale per lo sviluppo delle future tecnologie nucleari.

Ma non possiamo discutere delle origini dell'energia nucleare senza menzionare il contributo significativo di J. Robert Oppenheimer. Negli anni '40, Oppenheimer fu a capo del Progetto Manhattan, un programma di ricerca segreto che portò allo sviluppo delle prime bombe atomiche. La sua leadership in questo progetto storico sottolinea il ruolo cruciale della ricerca nucleare nell'ambito militare durante la Seconda Guerra Mondiale e segna una tappa importante nella storia dell'energia nucleare.

Marie Curie e la Scoperta del Radio

Nel 1898, Marie Curie e suo marito Pierre Curie scoprirono il radio, un elemento altamente radioattivo. Questa scoperta non solo ha contribuito alla comprensione dell'instabilità nucleare ma ha anche aperto la strada alla possibilità di sfruttare l'energia intrinseca delle reazioni nucleari. Tuttavia, all'epoca, la radioattività era ancora poco compresa, e i suoi pericoli per la salute erano sottovalutati.

La Prima Reazione Nucleare Controllata

Il 2 dicembre 1942, sotto le gradinate di uno stadio di calcio al Chicago Pile-1, l'italo- americano Enrico Fermi riuscì a realizzare la prima reazione nucleare controllata della storia umana. Questo evento segnò un passo fondamentale verso l'applicazione pratica dell'energia nucleare. Il Chicago Pile-1, un reattore nucleare rudimentale, dimostrò che era possibile mantenere sotto controllo una reazione nucleare, producendo energia in modo sicuro e controllato.

L'Era dell'Atomo e la Guerra Fredda

La fine della Seconda Guerra Mondiale ha visto l'inizio dell'era dell'atomo, con il lancio delle prime bombe atomiche su Hiroshima e Nagasaki nel 1945. Questi eventi hanno dimostrato il potere distruttivo delle armi nucleari e hanno segnato l'inizio della Guerra Fredda tra gli Stati Uniti e l'Unione Sovietica. La corsa agli armamenti nucleari è diventata un aspetto significativo delle relazioni internazionali, alimentando la ricerca e lo sviluppo di armi atomiche.

L'Energia Nucleare per Uso Civile

Parallelamente allo sviluppo delle armi atomiche, è emersa l'idea di utilizzare l'energia nucleare per scopi civili. Nel 1954, l'Unione Sovietica lanciò il primo reattore nucleare per la produzione di energia elettrica, segnando l'inizio dell'era nucleare per usi pacifici. Questa iniziativa ha generato entusiasmo per l'energia nucleare come una fonte promettente di elettricità a basso costo.

Il Disastro di Chernobyl e le Sue Conseguenze

Nonostante i benefici dell'energia nucleare, il mondo ha dovuto affrontare le conseguenze devastanti dell'incidente di Chernobyl nel 1986. Questo disastro nucleare ha rivelato i rischi intrinseci associati all'energia nucleare e ha alimentato il dibattito sulla sua sicurezza e sostenibilità. Chernobyl ha dimostrato che, anche se è possibile controllare le reazioni nucleari, un errore umano o un malfunzionamento possono avere conseguenze catastrofiche.

Conclusioni

JOHN VALENTINE

Le origini dell'energia nucleare sono complesse e sfaccettate, con contributi significativi da parte di scienziati, fisici e ingegneri di tutto il mondo. Questa analisi storica ha mostrato come la scoperta del nucleo atomico, la teoria della relatività di Einstein, la ricerca pionieristica di Marie Curie e il lavoro cruciale di J. Robert Oppenheimer abbiano gettato le basi per l'energia nucleare sia come fonte di progresso che di potenziale distruzione. Nel corso del XX secolo, l'energia nucleare è diventata un elemento fondamentale delle nostre vite, sia come fonte di energia che come spada a doppio taglio. In questo libro, esploreremo come la nostra comprensione dell'energia nucleare sia progredita nel corso del tempo e come possiamo affrontare le sfide che essa presenta per il futuro del nostro pianeta.

CAPITOLO 2:
IL POTENZIALE
CATASTROFICO DELLE
ARMI NUCLEARI

Le armi nucleari rappresentano uno dei massimi traguardi tecnologici dell'umanità, ma anche una delle minacce più gravi per la vita sulla Terra. In questo capitolo, esploreremo il potenziale catastrofico delle armi nucleari, compresi i loro effetti devastanti, sia a livello immediato che a lungo termine, sul pianeta e sulla civiltà umana.

L'Inferno Nucleare: Effetti Immediati

L'immagine più comune associata alle armi nucleari è quella di esplosioni atomiche distruttive. Quando una bomba nucleare esplode, rilascia un'enorme quantità di energia in forme di calore e luce, creando un lampo luminoso abbagliante seguito da una onda d'urto devastante. Questi effetti immediati possono causare morte e distruzione su vasta scala.

Il Lampo: Il lampo luminoso di un'esplosione nucleare è così intenso da accecare temporaneamente chiunque lo guardi. Chiunque si trovi all'interno della zona di esplosione può subire gravi danni alla vista.

L'Onda d'Urto: L'onda d'urto generata da una detonazione nucleare è in grado di abbattere edifici, veicoli e strutture, causando morti e feriti in modo diretto.

La Temperatura Elevata: Il calore prodotto da una bomba nucleare è sufficiente a vaporizzare edifici e incendiare tutto ciò che è infiammabile all'interno della zona colpita.

Radiazioni e Fallout: Effetti a Lungo Termine

Ma gli effetti delle armi nucleari non si fermano all'immediatezza dell'esplosione. Le armi nucleari rilasciano anche radiazioni ionizzanti, che possono persistere per lungo tempo e avere effetti devastanti sulla salute umana e sull'ambiente.

Radiazioni Ionizzanti: Le radiazioni ionizzanti possono danneggiare le cellule viventi e causare danni genetici che si manifestano in malattie come il cancro e gravi disturbi ereditari nelle generazioni successive.

Fallout Radioattivo: Dopo un'esplosione nucleare, le particelle radioattive possono essere trasportate dall'aria e precipitare sul suolo, creando il cosiddetto "fallout radioattivo." Questo può contaminare l'ambiente e l'approvvigionamento alimentare, causando ulteriori danni alla salute umana.

Inverno Nucleare: Effetti a Livello Globale

Uno degli aspetti più spaventosi delle armi nucleari è la loro capacità di provocare un "inverno nucleare." Questo fenomeno è una conseguenza indiretta delle esplosioni nucleari su larga scala, che rilasciano enormi quantità di particelle nell'atmosfera.

Oscuramento Globale: Le particelle rilasciate nell'atmosfera possono bloccare la luce solare, causando un significativo raffreddamento globale. Questo oscuramento può influenzare il clima per mesi o addirittura anni, danneggiando irreparabilmente le colture e causando carestie su vasta scala.

Ambiente Disturbato: L'inverno nucleare può causare cambiamenti drastici nell'ambiente terrestre, compresi impatti significativi sugli ecosistemi, sulla biodiversità e sulla disponibilità di risorse naturali.

La Paura della M.A.D. (Mutually Assured Destruction)

Un concetto centrale nella guerra nucleare è la paura della distruzione reciproca garantita (M.A.D.). Questa teoria afferma che se una nazione avesse lanciato un attacco nucleare su un'altra, quest'ultima avrebbe reagito con un contrattacco nucleare, portando alla distruzione reciproca completa. Questa paura ha contribuito a mantenere un equilibrio precario durante la Guerra Fredda e ha dissuaso molti conflitti diretti tra le superpotenze nucleari.

Conclusioni

In sintesi, il potenziale catastrofico delle armi nucleari è una minaccia esistenziale per la vita sulla Terra. I loro effetti immediati, le radiazioni a lungo termine e la possibilità di un inverno nucleare pongono rischi significativi per la civiltà umana e per l'ambiente. È cruciale che l'umanità continui a impegnarsi per il disarmo nucleare e per il controllo degli armamenti, al fine di prevenire la realizzazione di tali catastrofi. Solo attraverso la promozione della pace e della diplomazia possiamo sperare di evitare il disastro che le armi nucleari portano con sé.

CAPITOLO 3: FUKUSHIMA E CHERNOBYL: LE LEZIONI APPRESE

Gli incidenti nucleari di Fukushima e Chernobyl rappresentano due delle pagine più oscure nella storia dell'energia nucleare. Questi eventi hanno dimostrato che, nonostante i progressi tecnologici, le conseguenze di una catastrofe nucleare possono essere devastanti e a lungo termine. In questo capitolo, esamineremo a fondo gli incidenti di Fukushima e Chernobyl, le loro cause, le conseguenze a lungo termine e le lezioni cruciali che l'umanità ha imparato da essi.

Chernobyl: La Madre di Tutti gli Incidenti

L'incidente nucleare di Chernobyl, avvenuto il 26 aprile 1986, è considerato uno dei peggiori disastri nucleari nella storia dell'umanità. La centrale nucleare di Chernobyl, situata in Ucraina, subì una catastrofica esplosione del reattore n. 4 durante un test di sicurezza. Questa esplosione rilasciò una quantità massiccia di materiale radioattivo nell'atmosfera.

Le Cause: L'incidente di Chernobyl è stato causato da una combinazione di errori umani e problemi di progettazione. L'equipaggio non ha seguito i protocolli di sicurezza e non è stato in grado di prevenire il surriscaldamento del reattore, che ha portato all'esplosione.

Le Conseguenze Immediate: L'esplosione ha causato la morte di due lavoratori e ha esposto decine di persone a dosi letali di radiazioni. Un'ampia area intorno a Chernobyl, nota come "zona di esclusione", è stata evacuata e dichiarata inabitabile per decenni.

L'Inverno Nucleare e le Conseguenze a Lungo Termine: Anche se l'incidente di Chernobyl non ha causato un inverno nucleare su scala globale, ha avuto impatti significativi sulla salute umana e sull'ambiente. L'aumento delle malattie da radiazioni, il cancro e i disturbi genetici sono stati osservati nelle popolazioni esposte.

Fukushima: L'Incidente del Terremoto e dello Tsunami

L'incidente nucleare di Fukushima, avvenuto il 11 marzo 2011, è stato innescato da un terremoto e uno tsunami devastanti. La centrale nucleare di Fukushima Daiichi, in Giappone, è stata colpita da un'onda anomala che ha causato il fallimento dei sistemi di raffreddamento dei reattori, portando al surriscaldamento e alla fusione dei noccioli.

Le Cause: L'incidente di Fukushima è stato causato da un evento naturale estremo che ha superato la capacità di resistenza della centrale nucleare. Il terremoto e lo tsunami hanno danneggiato i sistemi di emergenza, impedendo il raffreddamento dei reattori.

Le Conseguenze Immediate: L'evacuazione delle comunità circostanti ha coinvolto migliaia di persone, e si è verificato il rilascio di materiali radioattivi nell'ambiente. Tuttavia, il numero di vittime dirette causate dalle radiazioni è stato relativamente basso.

Le Conseguenze a Lungo Termine: Fukushima ha messo in luce le sfide legate alla gestione a lungo termine dei rifiuti radioattivi e alla riabilitazione delle zone colpite. Le preoccupazioni sulla sicurezza nucleare hanno portato a una revisione globale degli impianti nucleari esistenti e alla rivalutazione delle politiche energetiche.

Le Lezioni Apprese

Da Chernobyl e Fukushima, emergono le seguenti lezioni cruciali:

- **La Sicurezza è Fondamentale**: La sicurezza nucleare deve essere prioritaria. Gli incidenti sono spesso causati da errori umani o problemi di progettazione, e l'adeguata formazione e vigilanza sono essenziali per prevenire catastrofi.
- **Gestione delle Emergenze**: Le risposte efficaci alle emergenze nucleari sono cruciali. È necessario disporre di piani di evacuazione, protocolli di emergenza e strategie di comunicazione chiare.
- **Trasparenza e Responsabilità**: Le autorità devono essere trasparenti nelle informazioni fornite al pubblico e devono essere responsabili per la sicurezza nucleare. La fiducia del pubblico è fondamentale.
- **Ripensare l'Energia Nucleare**: Gli incidenti di Fukushima e Chernobyl hanno portato a una rivalutazione dell'energia nucleare. Molte nazioni hanno ridotto o eliminato la loro dipendenza da questa fonte energetica.
- **Gestione dei Rifiuti Nucleari**: La gestione a lungo termine dei rifiuti radioattivi è una sfida complessa che richiede soluzioni sicure e sostenibili.

Conclusioni

Gli incidenti nucleari di Chernobyl e Fukushima rimangono tragici esempi delle conseguenze potenzialmente catastrofiche dell'energia nucleare quando la sicurezza viene trascurata o quando eventi imprevisti superano le misure di sicurezza. Questi incidenti hanno insegnato al mondo le lezioni fondamentali sulla sicurezza nucleare, sulla trasparenza e sulla necessità di considerare attentamente i rischi associati all'energia nucleare. Per il futuro, l'umanità deve impegnarsi a proteggere il pianeta e le generazioni future da simili catastrofi, rafforzando le norme di sicurezza e cercando soluzioni energetiche più sostenibili.

CAPITOLO 4: IL COSTO NASCOSTO DELL'ENERGIA NUCLEARE

L'energia nucleare è spesso vista come una fonte di energia pulita e a basse emissioni di carbonio, ma dietro questa immagine positiva si nascondono costi nascosti significativi. In questo capitolo, esploreremo a fondo il costo ambientale e sanitario associato all'energia nucleare, mettendo in luce gli impatti che possono rimanere invisibili ma profondamente rilevanti.

La Promessa dell'Energia Nucleare

L'energia nucleare è stata considerata una promettente fonte di energia in quanto non produce direttamente emissioni di gas serra durante la generazione di elettricità.

Questa caratteristica ha portato molte nazioni a investire in centrali nucleari come parte delle loro strategie per affrontare il cambiamento climatico.

Il Ciclo del Combustibile Nucleare e i Rifiuti Radioattivi

Tuttavia, il ciclo del combustibile nucleare porta con sé gravi questioni ambientali e sanitarie. La produzione di energia nucleare richiede la conversione di uranio o plutonio in materiale fissile, un processo che genera scorie altamente radioattive. Questi rifiuti nucleari devono essere gestiti in modo sicuro per migliaia di anni, rappresentando una sfida significativa in termini di sicurezza e costi.

Gli Incidenti Nucleari e le Loro Consegne

Gli incidenti nucleari, come Chernobyl e Fukushima, evidenziano il costo umano e ambientale delle catastrofi nucleari. Le conseguenze a lungo termine degli incidenti includono la contaminazione delle terre agricole e l'aumento delle malattie correlate alle radiazioni.

La Gestione dei Rifiuti Radioattivi

Il problema della gestione dei rifiuti radioattivi rimane uno dei più gravi. La necessità di isolare in modo sicuro questi materiali radioattivi per migliaia di anni richiede infrastrutture costose e un impegno a lungo termine da parte delle generazioni future.

Le Emissioni Radioattive

Anche le centrali nucleari in funzione emettono emissioni radioattive nell'ambiente. Sebbene siano rigorosamente regolamentate, queste emissioni possono ancora contribuire a un aumento delle radiazioni ambientali e alla potenziale esposizione umana.

Il Rischio di Incidenti Nucleari

Anche se gli incidenti nucleari sono rari, il loro impatto è così grave che il rischio di uno di essi è considerato inaccettabile da molti. La potenziale perdita di vite umane, la distruzione ambientale e la necessità di evacuazioni su vasta scala sono tutti costi significativi da considerare.

Il Ruolo dell'Industria Nucleare nella Gestione dei Costi

L'industria nucleare è responsabile della gestione di molti di questi costi nascosti. La ricerca e lo sviluppo di tecnologie di gestione dei rifiuti, la sicurezza delle centrali nucleari e la mitigazione dei rischi di incidenti sono tutti fattori che richiedono investimenti considerevoli.

L'Alternativa delle Energie Rinnovabili

Per molti, l'energia nucleare deve essere considerata alla luce delle alternative. Le energie rinnovabili, come il solare e l'eolico, stanno emergendo come fonti di energia a basse emissioni di carbonio senza gli stessi costi nascosti dell'energia nucleare. Inoltre, le rinnovabili non presentano il rischio di incidenti nucleari o la questione spinosa dei rifiuti radioattivi.

Conclusioni

L'energia nucleare offre vantaggi in termini di basse emissioni di carbonio, ma non deve essere sottovalutato il costo nascosto associato. La gestione dei rifiuti radioattivi, il rischio di incidenti nucleari e le emissioni radioattive sono tutti aspetti che richiedono una riflessione attenta. A fronte di alternative energetiche sempre più competitive, come le fonti rinnovabili, è importante valutare attentamente se l'energia nucleare sia la scelta migliore per un futuro sostenibile. La sostenibilità non riguarda solo l'abbattimento delle emissioni di carbonio, ma anche la gestione responsabile dei rischi ambientali e sanitari.

CAPITOLO 5: L'INFLUENZA DELL'INDUSTRIA NUCLEARE SULLA POLITICA

L'industria nucleare è intrinsecamente legata alla politica in molte nazioni. Gli interessi economici, la sicurezza energetica e le questioni ambientali convergono spesso nella formulazione delle politiche nucleari. In questo capitolo, esploreremo l'influenza dell'industria nucleare sulla politica, esaminando i legami tra l'industria, i decisori politici e le decisioni che plasmano il futuro dell'energia nucleare.

Lobbying e Donazioni Politiche

L'industria nucleare è nota per il suo lobbying e le donazioni politiche. Le società nucleari spesso cercano di influenzare i decisori politici per ottenere supporto per nuovi progetti o per proteggere gli interessi esistenti. Questi sforzi possono influenzare la formulazione delle politiche e le decisioni legislative.

La Rivoluzione Nucleare: Gli Anni '50 e '60

Durante gli anni '50 e '60, la promozione dell'energia nucleare era sostenuta da molti governi come una soluzione all'incremento della domanda energetica e alla necessità di ridurre le emissioni di carbonio. Gli investimenti pubblici e le politiche favorevoli hanno stimolato la crescita dell'industria nucleare.

La Nascita dell'Anti-Nuclearismo

Negli anni '70 e '80, l'industria nucleare ha affrontato una crescente opposizione pubblica. Gli incidenti nucleari di Three Mile Island, Chernobyl e la crescente consapevolezza ambientale hanno alimentato movimenti antinucleari. Questi movimenti hanno influenzato l'opinione pubblica e hanno spesso costretto i politici a riconsiderare le politiche nucleari.

Il Ruolo delle Agenzie Regolatorie

Le agenzie regolatorie, come la Nuclear Regulatory Commission (NRC) negli Stati Uniti, svolgono un ruolo cruciale nella supervisione dell'industria nucleare. Tuttavia, c'è un dibattito costante sul loro grado di indipendenza e sulla loro capacità di garantire la sicurezza nucleare al di sopra degli interessi dell'industria.

Il Disarmo Nucleare e la Politica Estera

L'industria nucleare non riguarda solo la produzione di energia, ma anche la politica estera e la sicurezza globale. Le nazioni nucleari devono bilanciare la necessità di difendersi con la necessità di evitare una corsa agli armamenti nucleari. Queste considerazioni influenzano le politiche di disarmo nucleare e le relazioni internazionali.

Il Ruolo delle Università e della Ricerca

Le università e le istituzioni di ricerca spesso collaborano con l'industria nucleare nella ricerca e nello sviluppo di nuove tecnologie. Queste collaborazioni possono influenzare l'orientamento della ricerca scientifica e l'approccio alla gestione dei rifiuti radioattivi.

Le Decisioni Politiche e le Elezioni

Le elezioni politiche sono spesso un momento chiave per l'industria nucleare. Le posizioni dei candidati e dei partiti sul nucleare possono avere un impatto diretto sul futuro delle politiche nucleari e sugli investimenti nell'industria.

Lezioni da Fukushima e Chernobyl

Gli incidenti nucleari, come quelli di Fukushima e Chernobyl, hanno dimostrato quanto le decisioni politiche possano avere conseguenze catastrofiche. Questi eventi hanno spesso spinto i politici a rivalutare la loro posizione sull'energia nucleare e a prendere misure più rigorose sulla sicurezza nucleare.

La Sfida del Cambiamento Climatico

La crescente preoccupazione per il cambiamento climatico ha portato alcuni politici a rivalutare l'energia nucleare come una fonte a basse emissioni di carbonio. La discussione sull'energia nucleare come parte della soluzione al cambiamento climatico ha riacceso il dibattito sul ruolo dell'industria nucleare nella politica energetica.

Conclusioni

L'industria nucleare è intrinsecamente collegata alla politica in molte nazioni. La sua influenza si estende dai corridoi del potere ai laboratori di ricerca, dalle elezioni politiche alle agenzie regolatorie. Tuttavia, le decisioni politiche sull'energia nucleare sono complesse e spesso influenzate da una serie di fattori, compresi gli interessi economici, la sicurezza energetica e le preoccupazioni ambientali. La politica nucleare deve trovare un equilibrio tra questi aspetti, tenendo conto del bene pubblico e della sicurezza.

CAPITOLO 6: IL RUOLO DELLE ORGANIZZAZIONI INTERNAZIONALI NEL CONTROLLO NUCLEARE

L'uso pacifico dell'energia nucleare e la prevenzione della proliferazione delle armi nucleari sono obiettivi globali cruciali. Per affrontare queste sfide, le nazioni di tutto il mondo hanno creato organizzazioni internazionali dedicate al controllo nucleare. In questo capitolo, esamineremo il ruolo centrale dell'Agenzia Internazionale per l'Energia Atomica (IAEA) e del Trattato per la non proliferazione nucleare (NPT) nell'assicurare la sicurezza e la cooperazione nucleare a livello globale.

L'Agenzia Internazionale per l'Energia Atomica (IAEA)

L'IAEA è un'organizzazione internazionale indipendente con sede a Vienna, Austria, fondata nel 1957. Il suo mandato principale è promuovere l'uso pacifico dell'energia nucleare e prevenire la diffusione delle armi nucleari. L'IAEA gioca un ruolo fondamentale in diversi aspetti del controllo nucleare:

1. Ispezioni e Verifiche: L'IAEA svolge ispezioni regolari delle installazioni nucleari nei paesi firmatari del NPT per garantire che non vengano utilizzate per scopi militari. Questo sistema di verifiche contribuisce a dissuadere la proliferazione nucleare.

2. Assistenza Tecnica: L'IAEA fornisce assistenza tecnica ai paesi in via di sviluppo per aiutarli a sviluppare programmi nucleari sicuri e pacifici. Questa assistenza contribuisce a ridurre il divario tecnologico e promuovere la cooperazione internazionale.

3. Gestione dei Rifiuti Radioattivi: L'IAEA promuove le migliori pratiche per la gestione sicura dei rifiuti radioattivi, contribuendo a prevenire la contaminazione ambientale.

4. Risposta alle Crisi Nucleari: L'IAEA può svolgere un ruolo cruciale nella risposta alle crisi nucleari, come è avvenuto durante l'incidente di Fukushima.

Il Trattato per la non proliferazione nucleare (NPT)

Il NPT è un accordo internazionale che mira a prevenire la proliferazione delle armi nucleari e promuovere il disarmo nucleare. Il trattato è stato firmato nel 1968 ed è stato esteso indefinitamente nel 1995. Il NPT si basa su tre pilastri principali:

1. Non Proliferazione: Gli stati firmatari si impegnano a non cercare di sviluppare o acquisire armi nucleari. In cambio, gli stati nucleari riconosciuti dal trattato si impegnano a condividere la tecnologia nucleare per scopi pacifici.

2. Disarmo Nucleare: Gli stati nucleari firmatari si impegnano a lavorare verso il disarmo nucleare completo, sebbene progressi significativi in questa direzione siano stati lenti.

3. Uso Pacifico dell'Energia Nucleare: Gli stati firmatari hanno il diritto all'uso pacifico dell'energia nucleare, e l'IAEA svolge un ruolo cruciale nella verifica dell'uso pacifico.

La Critica al NPT e alle Organizzazioni Internazionali

Nonostante i successi del NPT e dell'IAEA, ci sono critiche e sfide significative:

1. Disarmo Nucleare Limitato: Molti sostengono che i

progressi verso il disarmo nucleare sono stati troppo lenti e che gli stati nucleari firmatari del NPT non hanno rispettato il loro impegno di disarmo.

2. Proliferazione Non Firmatari: Paesi come l'India, il Pakistan e Israele hanno sviluppato armi nucleari al di fuori del NPT, sollevando dubbi sulla sua efficacia.

3. Accesso all'Uso Pacifico: Alcuni paesi hanno sperimentato restrizioni all'accesso all'energia nucleare civile, portando a tensioni e controversie.

4. Risorse Limitate: L'IAEA è spesso limitata da risorse finanziarie e tecniche nel suo mandato di verifica.

L'Importanza del Dialogo e della Cooperazione

Nonostante le sfide, il NPT e l'IAEA rimangono pilastri fondamentali del controllo nucleare internazionale. La sicurezza globale richiede il dialogo e la cooperazione tra nazioni per affrontare le minacce nucleari. La collaborazione internazionale attraverso organizzazioni come l'IAEA è essenziale per garantire la sicurezza e promuovere un futuro senza armi nucleari.

Conclusioni

L'IAEA e il NPT sono organizzazioni cruciali nel controllo nucleare internazionale. La prevenzione della proliferazione delle armi nucleari e la promozione dell'uso pacifico dell'energia atomica richiedono il coinvolgimento e il rispetto degli accordi internazionali. Nonostante le sfide e le critiche, l'importanza del dialogo e della cooperazione globale nella gestione sicura dell'energia nucleare e nella prevenzione della proliferazione non può essere sottovalutata.

CAPITOLO 7: L'INIZIATIVA PER UN DISARMO NUCLEARE GLOBALE

Negli ultimi decenni, il disarmo nucleare è diventato un obiettivo sempre più urgente per molte organizzazioni e movimenti a livello globale. In questo capitolo, esamineremo l'Iniziativa per un Disarmo Nucleare Globale e analizzeremo i movimenti e le organizzazioni che stanno lavorando per ridurre e, in ultima analisi, eliminare le armi nucleari dalla faccia della Terra.

Il Contesto del Disarmo Nucleare

La proliferazione nucleare e la minaccia delle armi nucleari hanno portato molte persone e organizzazioni a cercare modi per affrontare questo pericolo globale. Il disarmo nucleare è emerso come una delle sfide più critiche del nostro tempo.

L'Iniziativa per un Disarmo Nucleare Globale (GNDI)

L'Iniziativa per un Disarmo Nucleare Globale è una coalizione internazionale di organizzazioni e individui che lavorano per promuovere il disarmo nucleare globale. L'obiettivo principale della GNDI è quello di mobilitare il sostegno pubblico e politico per un trattato di disarmo nucleare globale vincolante.

Il Trattato sul Divieto delle Armi Nucleari

Una delle pietre miliari dell'Iniziativa per un Disarmo Nucleare Globale è il Trattato sul Divieto delle Armi Nucleari (TAN), adottato dall'Assemblea Generale delle Nazioni Unite nel 2017. Il TAN proibisce lo sviluppo, la produzione, il possesso e l'uso di armi nucleari ed è stato ratificato da un numero crescente di nazioni, sebbene molte delle potenze nucleari non abbiano aderito.

Movimenti per il Disarmo Nucleare

L'Iniziativa per un Disarmo Nucleare Globale lavora in collaborazione con una serie di movimenti per il disarmo nucleare a livello globale. Questi movimenti comprendono organizzazioni non governative, attivisti, associazioni religiose e molti altri.

La Campagna Internazionale per l'Eliminazione delle Armi Nucleari (ICAN)

La Campagna Internazionale per l'Eliminazione delle Armi Nucleari (ICAN) è un'organizzazione non governativa che è stata premiata con il Premio Nobel per la Pace nel 2017 per il suo ruolo chiave nel promuovere il TAN. ICAN svolge un lavoro essenziale nella sensibilizzazione sull'importanza del disarmo nucleare e nel coordinamento delle attività dei sostenitori del disarmo in tutto il mondo.

Il Movimento Antinucleare

Il movimento antinucleare ha una lunga storia che risale agli anni '50 e '60, quando il timore delle armi nucleari e le proteste contro i test nucleari hanno portato alla creazione di organizzazioni come la Campagna per il Disarmo Nucleare. Queste organizzazioni hanno lavorato per anni per sensibilizzare l'opinione pubblica e influenzare le politiche.

Le Conseguenze Umane delle Armi Nucleari

Una parte fondamentale della lotta per il disarmo nucleare è evidenziare le conseguenze umane delle armi nucleari. Gli attacchi nucleari avrebbero un impatto devastante sulla vita umana e sull'ambiente, causando morte, malattie e distruzione su vasta scala.

Obiettivi e Sfide del Disarmo Nucleare

L'obiettivo ultimo del disarmo nucleare è creare un mondo privo di armi nucleari. Tuttavia, ci sono sfide significative nel raggiungere questo obiettivo, tra cui l'opposizione delle potenze nucleari, la questione della sicurezza nazionale e la complessità tecnica della riduzione delle armi.

Il Ruolo dei Governi e della Società Civile

Il disarmo nucleare richiede il coinvolgimento attivo sia dei governi che della società civile. I governi possono aderire a trattati di disarmo e intraprendere azioni concrete per ridurre il proprio arsenale nucleare, mentre la società civile può svolgere un ruolo chiave nella sensibilizzazione e nel mantenere la pressione sui governi.

Conclusioni

L'Iniziativa per un Disarmo Nucleare Globale e altri movimenti per il disarmo nucleare stanno compiendo progressi significativi nella sensibilizzazione e nella mobilitazione a livello globale. Il disarmo nucleare è una sfida complessa ma cruciale per il futuro della sicurezza globale. Mentre il percorso verso un mondo privo di armi nucleari è ancora lungo e difficile, il lavoro svolto da queste organizzazioni e movimenti è essenziale per il benessere dell'umanità e del pianeta.

CAPITOLO 8: GLI SFORZI PER LA RIDUZIONE DELLE ARMI NUCLEARI

La questione del disarmo nucleare coinvolge direttamente le potenze nucleari, le nazioni che possiedono arsenali nucleari. In questo capitolo, esamineremo il ruolo cruciale che queste nazioni svolgono nella riduzione delle armi nucleari, esplorando gli accordi internazionali, le politiche di riduzione e le sfide che affrontano.

La Riduzione Unilaterale delle Armi Nucleari

Alcune potenze nucleari hanno intrapreso azioni unilaterali per ridurre il proprio arsenale nucleare. Queste azioni possono includere la distruzione di armi obsolete o la riduzione del numero di testate nucleari. Questi sforzi possono essere un segno di impegno per il disarmo nucleare, ma spesso vengono intrapresi con l'obiettivo di modernizzare il proprio arsenale.

Gli Accordi di Riduzione delle Armi Nucleari

Molti degli sforzi per la riduzione delle armi nucleari sono stati realizzati attraverso accordi bilaterali o multilaterali tra le potenze nucleari. Alcuni degli accordi più noti includono:

1. START I e START II: Gli accordi START (Strategic Arms Reduction Treaty) tra gli Stati Uniti e l'Unione Sovietica (poi Russia) hanno ridotto notevolmente il numero di testate nucleari strategiche e di veicoli di lancio.

2. Trattato di Riduzione delle Armi Strategiche (START III): Un accordo proposto che mira a ridurre ulteriormente il numero di testate nucleari strategiche.

3. Trattato di Non Proliferazione Nucleare (NPT): Questo trattato prevede il disarmo nucleare come uno dei suoi pilastri principali, anche se il progresso in questa direzione è stato lento.

4. Trattato di Riduzione delle Armi Tattiche (TACT): Un accordo proposto per limitare le armi nucleari tattiche in Europa.

Il Ruolo degli Stati Uniti e della Russia

Gli Stati Uniti e la Russia detengono il maggior numero di armi nucleari al mondo e hanno un ruolo cruciale nella riduzione degli arsenali nucleari globali. Queste due nazioni hanno intrapreso sforzi significativi per ridurre il numero di armi nucleari, ma ci sono sfide significative che rimangono, tra cui le tensioni geopolitiche e le preoccupazioni per la sicurezza nazionale.

Le Sfide per il Disarmo Nucleare

Il disarmo nucleare è complicato da una serie di sfide:

1. Sicurezza Nazionale: Le potenze nucleari spesso sostengono che le armi nucleari sono essenziali per la loro sicurezza nazionale, il che rende difficile il processo di disarmo.

2. Bilancio e Priorità: La modernizzazione degli arsenali nucleari può essere costosa, e le nazioni devono bilanciare la spesa militare con altre priorità.

3. Tensioni Geopolitiche: Le tensioni tra le potenze nucleari possono ostacolare gli sforzi di disarmo.

4. Opinione Pubblica: L'opinione pubblica può influenzare la volontà dei governi di impegnarsi nel disarmo nucleare.

Il Ruolo della Società Civile

La società civile, comprese organizzazioni non governative e attivisti, svolge un ruolo fondamentale nel sostenere gli sforzi per il disarmo nucleare. Queste organizzazioni sensibilizzano l'opinione pubblica, fanno pressione sui governi e monitorano l'attuazione degli accordi di disarmo.

Conclusioni

Gli sforzi per la riduzione delle armi nucleari sono un elemento critico per il futuro della sicurezza globale. Mentre molte nazioni hanno intrapreso azioni per ridurre il proprio arsenale nucleare, rimangono sfide significative da affrontare. Il disarmo nucleare richiede una combinazione di impegni politici, pressione pubblica e cooperazione internazionale. Il ruolo delle potenze nucleari, in particolare degli Stati Uniti e della Russia, è cruciale per il progresso in questa direzione. Il disarmo nucleare è una sfida globale che richiede l'impegno di tutti coloro che desiderano un mondo più sicuro e privo di armi nucleari.

CAPITOLO 9: IL CONTRIBUTO DELLA SCIENZA E DELLA TECNOLOGIA AL DISARMO NUCLEARE

La scienza e la tecnologia hanno giocato un ruolo cruciale nello sviluppo delle armi nucleari, ma possono anche svolgere un ruolo fondamentale nella promozione del disarmo nucleare. In questo capitolo, esamineremo come la ricerca scientifica, la tecnologia e l'innovazione possano contribuire alla causa del disarmo nucleare, rendendo il mondo più sicuro e riducendo il rischio di conflitti nucleari.

1. La Scienza della Deterrenza

La deterrenza nucleare, la teoria secondo cui il possesso di armi nucleari impedisce agli avversari di attaccare per paura di una rappresaglia distruttiva, è stata una parte centrale della strategia nucleare. La scienza e la ricerca hanno contribuito a sviluppare teorie e modelli che sottolineano i pericoli della deterrenza nucleare, spingendo a una riconsiderazione della sua efficacia.

2. La Verifica Nucleare

La scienza e la tecnologia hanno un ruolo cruciale nella verifica degli accordi di disarmo. La ricerca ha contribuito allo sviluppo di tecnologie di monitoraggio e ispezione più avanzate per garantire il rispetto degli accordi di disarmo. Questi strumenti includono sensori avanzati, tecniche di imaging e sistemi di rilevamento delle radiazioni.

3. Il Controllo delle Materie Prime Nucleari

La scienza ha contribuito allo sviluppo di metodi per il monitoraggio delle materie prime nucleari, come l'uranio e il plutonio, per evitare che cadano nelle mani sbagliate. Questi metodi includono la firma isotopica, che consente di tracciare l'origine di materiali nucleari.

4. La Riduzione degli Arsenali Nucleari

La scienza e la tecnologia possono svolgere un ruolo chiave nella riduzione degli arsenali nucleari. Questo può includere lo sviluppo di tecnologie per la disattivazione delle testate nucleari o per la conversione di materiali nucleari in forme meno pericolose.

5. L'Eliminazione dei Rifiuti Radioattivi

La gestione dei rifiuti radioattivi è una parte critica del disarmo nucleare. La ricerca scientifica può contribuire allo sviluppo di metodi più sicuri ed efficienti per la gestione e la conservazione dei rifiuti radioattivi.

6. L'Impatto Umanitario delle Armi Nucleari

La ricerca scientifica ha anche contribuito a evidenziare l'impatto umanitario delle armi nucleari, comprese le conseguenze a lungo termine delle esplosioni nucleari e l'effetto delle radiazioni sulla salute umana. Queste scoperte hanno rafforzato il caso per il disarmo nucleare.

7. L'Intelligenza Artificiale e il Disarmo Nucleare

Le tecnologie emergenti, come l'intelligenza artificiale (IA), possono svolgere un ruolo significativo nel disarmo nucleare. L'IA può essere utilizzata per analizzare grandi quantità di dati e identificare violazioni degli accordi di disarmo in modo più efficiente.

8. L'Impegno della Comunità Scientifica

La comunità scientifica svolge un ruolo cruciale nel sostenere il disarmo nucleare. Molti scienziati e organizzazioni scientifiche hanno firmato petizioni e dichiarazioni a favore del disarmo nucleare, portando il loro peso e la loro credibilità alla causa.

9. La Responsabilità Etica della Scienza

La scienza e la tecnologia portano una grande responsabilità etica nel campo del disarmo nucleare. Gli scienziati hanno il dovere di valutare l'impatto delle loro scoperte sulla sicurezza globale e di promuovere l'uso responsabile della tecnologia.

10. La Collaborazione Internazionale

La ricerca scientifica nel campo del disarmo nucleare richiede una cooperazione internazionale. Gli scienziati di diverse nazioni possono collaborare per affrontare sfide comuni e sviluppare soluzioni condivise.

Conclusioni

La scienza e la tecnologia hanno svolto un ruolo fondamentale nello sviluppo delle armi nucleari, ma possono anche contribuire in modo significativo alla causa del disarmo nucleare. La ricerca scientifica può sottolineare i pericoli delle armi nucleari, sviluppare tecnologie di verifica e contribuire alla riduzione degli arsenali nucleari. Tuttavia, il progresso nel disarmo nucleare richiede un impegno globale e il coinvolgimento di scienziati, governi e organizzazioni non governative. La scienza può essere una forza poderosa per la pace, ma è necessaria una volontà politica per trasformare la ricerca scientifica in azioni concrete per un mondo privo di armi nucleari.

CAPITOLO 10: IL RUOLO DEI LEADER CARISMATICI NEL DISARMO NUCLEARE

I leader carismatici hanno spesso svolto un ruolo fondamentale nella promozione del disarmo nucleare. In questo capitolo, esamineremo alcuni studi di casi di leader mondiali che hanno dedicato il loro impegno e la loro influenza per avanzare nella causa del disarmo nucleare, dimostrando che la leadership può essere un motore cruciale per il cambiamento in questo campo cruciale.

1. Mahatma Gandhi e l'Anti-Nuclearismo dell'India

Mahatma Gandhi è stato un'icona della non violenza e dell'indipendenza dell'India dal dominio britannico. La sua visione di un mondo senza armi, inclusi gli armamenti nucleari, ha ispirato molte persone in tutto il mondo. Gandhi ha promosso la non cooperazione con l'energia nucleare e ha incoraggiato l'India a sviluppare l'energia da fonti rinnovabili, contribuendo a plasmare la politica nucleare del paese.

2. Mikhail Gorbachev e la Glasnost

Il leader sovietico Mikhail Gorbachev ha svolto un ruolo cruciale nel processo di disarmo nucleare alla fine della Guerra Fredda. La sua politica di Glasnost ha contribuito a un clima di maggiore apertura e dialogo tra le superpotenze nucleari. Gorbachev ha lavorato con il presidente degli Stati Uniti Ronald Reagan per firmare il Trattato INF (Intermediate-Range Nuclear Forces Treaty), eliminando un'intera classe di missili nucleari.

3. Nelson Mandela e il Disarmo Nucleare Globale

Nelson Mandela, icona della lotta contro l'apartheid in Sudafrica, ha anche promosso il disarmo nucleare a livello globale. Ha sostenuto il Trattato di Non Proliferazione Nucleare (NPT) e ha chiesto l'eliminazione delle armi nucleari. Il suo impegno morale per la pace ha ispirato molte persone in tutto il mondo a sostenere il disarmo nucleare.

4. Barack Obama e il Discorso di Praga

Il presidente degli Stati Uniti Barack Obama ha pronunciato un discorso storico a Praga nel 2009, in cui ha delineato un impegno per il disarmo nucleare. Ha sottolineato l'importanza di lavorare verso un mondo senza armi nucleari e ha firmato il New START Treaty con la Russia, che ha ridotto i limiti sulle testate nucleari strategiche. Sebbene i progressi abbiano incontrato ostacoli, il discorso di Obama ha ribadito l'importanza del disarmo nucleare nell'agenda politica globale.

5. Setsuko Thurlow e la Voce dei Sopravvissuti di Hiroshima

Setsuko Thurlow, sopravvissuta all'esplosione nucleare di Hiroshima nel 1945, ha dedicato la sua vita a raccontare la sua esperienza e a promuovere il disarmo nucleare. Ha lavorato con l'organizzazione ICAN (Campagna Internazionale per l'Eliminazione delle Armi Nucleari) per sensibilizzare l'opinione pubblica e ha testimoniato in numerose conferenze internazionali per sostenere il divieto delle armi nucleari.

6. Il Papa Francesco e la Dichiarazione di Hiroshima

Il Papa Francesco ha visitato Hiroshima nel 2019 e ha emesso una dichiarazione storica, condannando l'uso delle armi nucleari e sottolineando l'importanza del disarmo nucleare. Ha chiesto al mondo di "rompere il ciclo di minaccia e paura" associato alle armi nucleari e ha incoraggiato il dialogo globale per il disarmo.

L'Importanza della Leadership Carismatica

La leadership carismatica può mobilitare l'opinione pubblica, ispirare l'azione e influenzare le decisioni politiche. I leader carismatici sono spesso in grado di trasformare il dibattito sul disarmo nucleare da una questione tecnica a una causa morale e umanitaria. Tuttavia, è importante notare che la leadership carismatica da sola non è sufficiente; è necessario un impegno globale e un sostegno politico concreto per ottenere il disarmo nucleare.

Sfide e Opportunità

La promozione del disarmo nucleare attraverso la leadership carismatica affronta molte sfide, tra cui l'opposizione delle potenze nucleari e la complessità delle questioni tecniche e politiche. Tuttavia, offre anche un'opportunità unica per mobilitare il sostegno pubblico e plasmare l'agenda politica. La leadership carismatica può ispirare azioni concrete, come la firma di trattati di disarmo o il coinvolgimento di governi e organizzazioni internazionali nella lotta contro le armi nucleari.

Conclusioni

I leader carismatici hanno svolto un ruolo fondamentale nella promozione del disarmo nucleare, contribuendo a sensibilizzare l'opinione pubblica, a promuovere accordi di disarmo e a ispirare azioni concrete. La loro leadership dimostra che il disarmo nucleare è più di una questione politica o tecnica; è una causa morale e umanitaria che coinvolge il futuro della sicurezza globale e della sopravvivenza umana. La storia ci insegna che la leadership carismatica può fare la differenza nella lotta per un mondo senza armi nucleari.

CAPITOLO 11: MOVIMENTI PER LA PACE E IL DISARMO NUCLEARE NEL MONDO

In tutto il mondo, una miriade di movimenti e organizzazioni si batte per la pace e il disarmo nucleare. In questo capitolo, esamineremo alcuni di questi movimenti e le sfide che affrontano mentre cercano di promuovere un mondo privo di armi nucleari.

1. **La Campagna Internazionale per l'Eliminazione delle Armi Nucleari (ICAN)**

ICAN è un'organizzazione non governativa che ha ricevuto il Premio Nobel per la Pace nel 2017 per il suo ruolo cruciale nella promozione del Trattato sul Divieto delle Armi Nucleari (TAN). ICAN coordina gli sforzi delle organizzazioni partner in tutto il mondo per sensibilizzare l'opinione pubblica e sostenere il disarmo nucleare.

2. **Mayors for Peace**

Mayors for Peace è una rete globale di sindaci e governi locali che lavorano per promuovere la pace e il disarmo nucleare. Fondata nel 1982 da Hiroshima e Nagasaki, l'organizzazione conta oggi migliaia di città membri che si impegnano a promuovere il disarmo nucleare a livello locale.

3. Global Zero

Global Zero è un'organizzazione internazionale che si impegna per l'eliminazione completa delle armi nucleari. Lavora per coinvolgere leader mondiali, esperti e attivisti nella promozione del disarmo nucleare.

4. International Physicians for the Prevention of Nuclear War (IPPNW)

IPPNW è un'organizzazione medica internazionale che ha ricevuto il Premio Nobel per la Pace nel 1985. Si batte per l'eliminazione delle armi nucleari, evidenziando le conseguenze catastrofiche delle esplosioni nucleari sulla salute umana.

5. Pugwash Conferences on Science and World Affairs

Le Conferenze Pugwash sono incontri internazionali di scienziati, accademici e leader politici che si concentrano sulle questioni di pace e disarmo nucleare. Queste conferenze promuovono il dialogo e la cooperazione internazionale per affrontare le sfide nucleari.

6. Women's International League for Peace and Freedom (WILPF)

WILPF è una delle organizzazioni più antiche dedite alla promozione della pace. Le donne hanno svolto un ruolo cruciale nel movimento per il disarmo nucleare, portando un approccio basato sulla giustizia e sulla prevenzione dei conflitti.

7. Abolition 2000

Abolition 2000 è una rete globale di organizzazioni della società civile che lavora per il disarmo nucleare. L'organizzazione cerca di mobilitare il sostegno pubblico e di influenzare i governi a livello globale.

8. Campaign for Nuclear Disarmament (CND)

CND è un'organizzazione britannica che si batte per il disarmo nucleare dal 1958. Ha organizzato proteste e manifestazioni, influenzando la politica nucleare del Regno Unito.

9. The Bulletin of the Atomic Scientists

Il Bulletin è una pubblicazione che fornisce analisi e informazioni sulla minaccia nucleare e sulle questioni relative alla sicurezza globale. Il "Doomsday Clock" del Bulletin rappresenta simbolicamente la vicinanza dell'umanità a una catastrofe nucleare.

10. Le sfide dei Movimenti per la Pace e il Disarmo Nucleare

I movimenti per la pace e il disarmo nucleare affrontano numerose sfide, tra cui l'opposizione delle potenze nucleari, la complessità delle questioni tecniche e politiche e l'indifferenza dell'opinione pubblica. Tuttavia, questi movimenti giocano un ruolo cruciale nell'attirare l'attenzione globale sulla questione del disarmo nucleare.

Conclusioni

I movimenti per la pace e il disarmo nucleare sono una forza fondamentale per il cambiamento. Lavorano per sensibilizzare l'opinione pubblica, influenzare le politiche e promuovere il dialogo globale sulle armi nucleari. Sebbene le sfide siano significative, l'importanza della loro missione non può essere sottovalutata. Sono una voce critica nella lotta per un mondo più sicuro, privo di armi nucleari, e rappresentano la speranza per un futuro in cui la minaccia nucleare sia solo un ricordo del passato.

CAPITOLO 12: LA PROSPETTIVA DELLE VITTIME DEL NUCLEARE

Nessuna analisi del nucleare e del suo impatto può prescindere dalla voce delle vittime dirette e dei testimoni oculari degli incidenti nucleari. In questo capitolo, ascolteremo le storie toccanti di sopravvissuti a incidenti nucleari e delle persone che hanno visto di persona le devastanti conseguenze del nucleare.

Hiroshima e Nagasaki: Le Voci del Passato

Le esplosioni atomiche di Hiroshima e Nagasaki nel 1945 hanno causato la morte immediata di decine di migliaia di persone e hanno inflitto sofferenze inimmaginabili a chi è sopravvissuto. Le testimonianze delle vittime di Hiroshima e Nagasaki sono una testimonianza vivida della potenza distruttiva delle armi nucleari.

Katsuji Yoshida, Sopravvissuto di Hiroshima: Yoshida aveva 13 anni quando Hiroshima fu colpita dalla bomba atomica. Ha raccontato di come fosse stato travolto dalle fiamme e dalle macerie mentre cercava di soccorrere le vittime. La sua storia è un monito contro le armi nucleari.

Setsuko Thurlow, Sopravvissuta di Hiroshima: Setsuko Thurlow era una studentessa di 13 anni quando Hiroshima fu bombardata. Ha perso familiari e amici nell'esplosione e ha testimoniato in tutto il mondo per sensibilizzare l'opinione pubblica sulle conseguenze umane delle armi nucleari.

Chernobyl: Testimoni dell'Inferno Nucleare

L'esplosione del reattore nucleare di Chernobyl nel 1986 ha causato uno dei peggiori disastri nucleari nella storia. I sopravvissuti e gli operatori delle operazioni di soccorso hanno affrontato alti livelli di radiazioni e condizioni estreme.

Lyudmila Ignatenko, Moglie di un Pompiere di Chernobyl: Il marito di Lyudmila, Vasily Ignatenko, era uno dei pompieri che hanno risposto all'incendio di Chernobyl. Ha contratto una grave sindrome da radiazioni e ha sofferto terribilmente prima di morire. La testimonianza di Lyudmila racconta la disperazione e il coraggio di chi ha affrontato le conseguenze dell'incidente.

Valery Legasov, Scienziato di Chernobyl: Valery Legasov era uno dei principali scienziati coinvolti nella gestione dell'incidente di Chernobyl. Ha lavorato senza sosta per affrontare la crisi e ha poi testimoniato sulle lezioni apprese dall'incidente. La sua morte, apparentemente un suicidio, è stata un simbolo delle sfide affrontate da coloro che hanno combattuto contro il disastro nucleare.

Fukushima: La Resilienza del Popolo Giapponese

L'incidente nucleare di Fukushima nel 2011 è stato causato da un terremoto e uno tsunami e ha portato a una serie di fusioni nucleari nei reattori. Le persone colpite da questo disastro hanno dimostrato una straordinaria resilienza.

Naoto Matsumura, L'Ultimo Abitante di Fukushima: Dopo l'evacuazione di Fukushima, Naoto Matsumura è rimasto nella zona contaminata per prendersi cura
degli animali abbandonati. La sua storia riflette l'amore per la sua terra natale e la determinazione di fronteggiare le sfide della contaminazione nucleare.

Le Madri di Fukushima: Un gruppo di madri giapponesi si è unito per chiedere conti chiari sulle conseguenze per la salute dei loro figli a seguito dell'incidente di Fukushima. Le loro proteste hanno portato attenzione e sostegno alla causa del disarmo nucleare.

Conclusioni

Le storie di sopravvissuti a incidenti nucleari e dei testimoni oculari delle conseguenze ci ricordano l'umanità dietro le statistiche e le politiche nucleari. Questi individui hanno subito le peggiori conseguenze del nucleare, ma hanno anche dimostrato una straordinaria forza e determinazione nel cercare di sensibilizzare l'opinione pubblica e promuovere il disarmo nucleare.

Ascoltare queste voci ci spinge a riflettere sul costo umano delle armi nucleari e sull'urgenza di lavorare per un mondo senza di esse. Le loro testimonianze ci invitano a considerare il nucleare non solo come una questione politica o tecnica, ma come una sfida umanitaria che richiede una risposta globale. Sono le voci delle vittime del nucleare che dovrebbero guidarci nel nostro impegno per un futuro più sicuro e privo di armi nucleari.

CAPITOLO 13: IL RUOLO DELL'ARTE E DELLA CULTURA NEL PROMUOVERE IL DISARMO NUCLEARE

L'arte e la cultura sono potenti strumenti per trasmettere messaggi, ispirare empatia e sensibilizzare l'opinione pubblica. In questo capitolo, esamineremo come l'arte e la cultura possono contribuire a promuovere il disarmo nucleare, fornendo una prospettiva creativa e coinvolgente su questa importante questione globale.

1. L'Arte Come Riflesso delle Conseguenze Nucleari

Artisti di tutto il mondo hanno utilizzato diverse forme d'arte per rappresentare le conseguenze delle armi nucleari. Dipinti, fotografie, sculture e opere letterarie hanno catturato la distruzione, il dolore e la sofferenza causati da incidenti nucleari come Hiroshima, Nagasaki, Chernobyl e Fukushima. Queste opere forniscono una testimonianza emotiva degli orrori delle armi nucleari e possono suscitare empatia e compassione negli spettatori.

2. La Musica Come Veicolo di Messaggi di Pace

La musica ha il potere di toccare le corde emotive delle persone e trasmettere messaggi di pace e disarmo nucleare. Canzoni come

"Imagine" di John Lennon o "99 Red Balloons" di Nena hanno affrontato temi nucleari e la paura della guerra nucleare. Concerti per la pace e festival musicali dedicati al disarmo nucleare sono stati organizzati in tutto il mondo per unire le persone nella lotta contro le armi nucleari.

3. Il Cinema Come Mezzo di Narrazione

Il cinema ha prodotto una vasta gamma di film che esplorano il nucleare, dalle rappresentazioni realistiche degli effetti delle armi nucleari a racconti di finzione che mettono in scena scenari apocalittici. Film come "The Day After" e "Threads" hanno mostrato le devastanti conseguenze di una guerra nucleare e hanno contribuito a sollevare preoccupazioni sulla sicurezza nucleare.

4. Il Teatro Come Strumento di Sensibilizzazione

Il teatro è stato utilizzato per creare spettacoli e opere che affrontano il nucleare e il disarmo nucleare. Queste performance possono coinvolgere il pubblico in modo intimo, spingendolo a riflettere sulle implicazioni delle armi nucleari. Il teatro politico e sociale ha affrontato il nucleare come una questione di urgente importanza.

5. La Letteratura Come Voce della Coscienza

Scrittori di romanzi e poesie hanno esplorato il nucleare come tema letterario, spesso mettendo in luce gli aspetti umani delle storie legate al nucleare. Opere come "Sabbie mobili" di Ryunosuke Akutagawa e "Il Mondo Secondo Garp" di John Irving hanno affrontato il nucleare in modi diversi, contribuendo a stimolare la riflessione e la discussione.

6. L'Arte Come Strumento di Protesta

In tutto il mondo, artisti impegnati hanno utilizzato l'arte come mezzo di protesta contro le armi nucleari. Murales, installazioni artistiche e performance pubbliche sono stati utilizzati per attirare l'attenzione sul disarmo nucleare e promuovere l'azione collettiva. Queste forme di espressione creativa possono avere un impatto duraturo sulla consapevolezza pubblica.

7. Il Ruolo degli Artisti e degli Intellettuali

Artisti e intellettuali hanno spesso svolto un ruolo cruciale nel promuovere il disarmo nucleare. Le loro voci influenti possono sensibilizzare l'opinione pubblica e spingere i leader politici a intraprendere azioni concrete. L'arte e la cultura possono fornire una prospettiva unica e ispirare il cambiamento sociale.

8. Le Sfide dell'Arte e della Cultura nel Promuovere il Disarmo Nucleare

Nonostante il potenziale dell'arte e della cultura nel promuovere il disarmo nucleare, ci sono sfide da affrontare. L'arte può essere soggettiva e aperta a interpretazioni diverse, e la sua efficacia nel trasmettere messaggi specifici può variare. Inoltre, può essere difficile raggiungere un pubblico ampio e diversificato attraverso l'arte e la cultura.

Conclusioni

L'arte e la cultura giocano un ruolo fondamentale nel promuovere il disarmo nucleare, trasmettendo messaggi emotivi e coinvolgenti che toccano il cuore e la mente delle persone. Queste forme d'arte possono ispirare empatia, sensibilizzare l'opinione pubblica e spingere per l'azione. L'arte e la cultura sono un mezzo prezioso per sollevare consapevolezza e promuovere la riflessione sulla minaccia nucleare, invitando il mondo a considerare seriamente il cammino verso un futuro privo di armi nucleari.

CAPITOLO 14: LA VISIONE DI UN MONDO SENZA ARMI NUCLEARI

Immaginiamo un futuro in cui le armi nucleari non sono più parte dell'equazione della sicurezza globale. In questo capitolo, esploreremo la visione di un mondo senza armi nucleari, i vantaggi di un mondo pacifico e le sfide da affrontare per realizzare questo sogno.

La Promessa di un Mondo Senza Armi Nucleari

Un mondo senza armi nucleari è una visione condivisa da molti leader, organizzazioni e individui in tutto il mondo. Questa visione si basa sulla convinzione che la pace e la sicurezza possono essere raggiunte attraverso mezzi non nucleari. Immaginare un mondo senza armi nucleari implica:

1. La Sicurezza Basata su Altri Mezzi

Un mondo senza armi nucleari richiede il rafforzamento di altre forme di sicurezza, come la diplomazia, il dialogo, la cooperazione internazionale e la prevenzione dei conflitti. Gli Stati devono imparare a risolvere le dispute attraverso il negoziato e il rispetto delle norme internazionali.

2. La Riduzione delle Tensioni Internazionali

Senza armi nucleari, le tensioni tra le nazioni possono

diminuire significativamente. La paura di una guerra nucleare improvvisa scompare, aprendo la strada a una maggiore collaborazione su questioni globali come il cambiamento climatico, la povertà e la salute.

3. Il Rispetto per la Vita Umana

Un mondo senza armi nucleari è un mondo in cui la vita umana è considerata sacra e inviolabile. Le armi nucleari portano con sé la minaccia di una distruzione indiscriminata, ma senza di esse, l'umanità può vivere senza la costante paura di una catastrofe nucleare.

I Vantaggi di un Mondo Senza Armi Nucleari

Immaginare un mondo senza armi nucleari è non solo una visione ideale, ma anche una prospettiva pratica che offre molti vantaggi:

1. La Riduzione dei Rischi di Guerra Nucleare Accidentale

La rimozione delle armi nucleari elimina la possibilità di una guerra nucleare accidentale, causata da errori di calcolo o malfunzionamenti tecnici. Questo riduce drasticamente la probabilità di un conflitto nucleare.

2. La Liberazione di Risorse Economiche

La spesa per il mantenimento, l'aggiornamento e la modernizzazione delle armi nucleari è un onere economico significativo per gli Stati. Un mondo senza armi nucleari libera risorse finanziarie per affrontare sfide più urgenti, come la povertà e il cambiamento climatico.

3. La Prevenzione della Proliferazione Nucleare

Un mondo senza armi nucleari rende meno attraente la proliferazione nucleare. La diminuzione della minaccia nucleare può dissuadere altri paesi dal cercare di sviluppare armi nucleari, contribuendo alla stabilità globale.

4. La Possibilità di Sviluppo Umano Sostenibile

La pace è un prerequisito per lo sviluppo umano sostenibile. Senza la minaccia costante delle armi nucleari, gli sforzi globali possono essere concentrati su problemi urgenti come l'accesso all'acqua, l'istruzione, la salute e la giustizia.

Le Sfide nel Realizzare il Sogno

Tuttavia, raggiungere un mondo senza armi nucleari non è privo di sfide:

1. L'Opposizione delle Potenze Nucleari

Le potenze nucleari attuali hanno un interesse strategico nella conservazione delle loro armi nucleari e possono opporsi attivamente agli sforzi per il disarmo nucleare. La diplomazia e il dialogo sono fondamentali per coinvolgerle nella causa del disarmo.

2. La Sicurezza Internazionale

Risolvere le tensioni regionali e internazionali è essenziale per la creazione di un mondo senza armi nucleari. Gli Stati devono lavorare insieme per affrontare le questioni di sicurezza e risolvere i conflitti in modo pacifico.

3. La Sorveglianza e il Controllo

Garantire che gli Stati rispettino gli accordi di disarmo nucleare richiede una rigorosa sorveglianza e verifica internazionale. Gli organismi come l'Agenzia Internazionale per l'Energia Atomica (IAEA) svolgono un ruolo cruciale in questo processo.

4. La Sensibilizzazione dell'Opinione Pubblica

Educare l'opinione pubblica sull'importanza del disarmo nucleare è fondamentale. L'arte, la cultura, i movimenti per la pace e le voci delle vittime del nucleare possono svolgere un ruolo cruciale nel coinvolgere il pubblico e spingere per il cambiamento.

La Realtà di un Mondo Senza Armi Nucleari

Sebbene raggiungere un mondo senza armi nucleari sia una sfida, è una sfida che vale la pena affrontare. L'umanità ha dimostrato la sua capacità di superare ostacoli enormi nel corso della storia. Un mondo senza armi nucleari è un mondo in cui la pace, la cooperazione e il rispetto per la vita umana sono al centro dell'agenda globale.

Ricordiamoci sempre che la visione di un mondo senza armi nucleari è un obiettivo condiviso da molte persone in tutto il mondo. Lavorare insieme per realizzarla non è solo una responsabilità, ma anche una promessa di un futuro più sicuro e pacifico per le generazioni future.

CAPITOLO 15: LE TENSIONI GEOPOLITICHE E IL DISARMO NUCLEARE

Il disarmo nucleare è una sfida complessa e le tensioni geopolitiche giocano un ruolo significativo nel suo progresso. In questo capitolo, esamineremo le principali tensioni geopolitiche che ostacolano il disarmo nucleare e come queste sfide possono essere affrontate per promuovere una visione di un mondo senza armi nucleari.

1. Il Ruolo delle Potenze Nucleari

Le tensioni geopolitiche più evidenti nel contesto del disarmo nucleare riguardano le potenze nucleari stesse. Gli Stati con arsenali nucleari, come gli Stati Uniti, la Russia, la Cina, il Regno Unito e la Francia, hanno un interesse strategico nel mantenimento delle loro armi nucleari. Vedono queste armi come un deterrente contro le minacce alla loro sicurezza e non sono disposti a rinunciarvi unilateralmente.

2. La Teoria della Sicurezza Basata sulle Armi Nucleari

Una delle tensioni principali è la convinzione che le armi nucleari garantiscano la sicurezza di uno Stato. Questa teoria, conosciuta come "Teoria della Sicurezza Basata sulle Armi Nucleari," sostiene che la minaccia dell'uso di armi nucleari dissuade gli avversari e previene i conflitti su larga scala.

Molti Stati ritengono che il disarmo nucleare possa indebolire la loro posizione di sicurezza, rendendo difficile il loro coinvolgimento nel processo di disarmo.

3. La Proliferazione Nucleare

Un'altra fonte di tensione geopolitica è la proliferazione nucleare. La preoccupazione è che, se le potenze nucleari attuali riducessero o rinunciassero alle loro armi nucleari, altri paesi potrebbero essere incentivati a cercare di sviluppare le proprie capacità nucleari. Questo potrebbe aumentare il numero di attori nucleari, aumentando il rischio di incidenti o l'uso non autorizzato di armi nucleari.

4. Le Tensioni Regionali

Le tensioni regionali tra Stati, spesso alimentate da dispute territoriali o rivalità storiche, rappresentano un altro ostacolo significativo al disarmo nucleare. Queste tensioni rendono difficile convincere gli Stati a rinunciare alle loro armi nucleari se percepiscono una minaccia reale o potenziale nella loro regione.

5. L'Assenza di Una Struttura di Sicurezza Globale

La mancanza di una struttura di sicurezza globale efficace rappresenta una tensione costante nel processo di disarmo nucleare. L'assenza di accordi multilaterali vincolanti, l'inefficienza delle organizzazioni internazionali esistenti e la mancanza di meccanismi di risoluzione dei conflitti globali complessi ostacolano gli sforzi per il disarmo.

6. La Mancanza di Fiducia Tra le Parti

Le tensioni geopolitiche spesso sfociano in una mancanza di fiducia reciproca tra le parti coinvolte nel disarmo nucleare. La paura che altri Stati non rispettino gli accordi di **disarmo o che possano cercare di ottenere vantaggi strategici attraverso l'inganno mina la cooperazione internazionale.**

7. Gli Interessi Nazionali e la Politica Interna

Gli interessi nazionali e la politica interna giocano un ruolo significativo nelle decisioni dei leader politici riguardo al disarmo nucleare. Le decisioni sul disarmo possono essere influenzate da obiettivi politici interni, tra cui la sicurezza nazionale, la popolarità politica e la legittimità.

Affrontare le Tensioni Geopolitiche per il Disarmo Nucleare

Sebbene le tensioni geopolitiche siano una sfida significativa per il disarmo nucleare, ci sono approcci che possono essere adottati per affrontarle:

1. Diplomazia Attiva

La diplomazia attiva e il dialogo aperto tra le potenze nucleari e i paesi interessati al disarmo nucleare sono essenziali. Gli Stati devono cercare di comprendere le preoccupazioni di ciascun altro e lavorare per trovare soluzioni condivise.

2. Accordi Multilaterali

Gli accordi multilaterali vincolanti possono aiutare a stabilire norme comuni e impegni per il disarmo nucleare. Ad esempio, il Trattato sulla non proliferazione nucleare (NPT) fornisce un quadro per il controllo delle armi nucleari e il disarmo.

3. Costruire la Fiducia

La costruzione della fiducia tra le parti coinvolte è cruciale. Questo può essere realizzato attraverso l'implementazione trasparente degli accordi, la cooperazione su questioni di sicurezza condivise e il rispetto degli impegni presi.

4. Coinvolgere la Società Civile e le Organizzazioni Internazionali

La società civile e le organizzazioni internazionali possono svolgere un ruolo importante nel promuovere il disarmo nucleare. Possono sensibilizzare l'opinione pubblica, promuovere la trasparenza e monitorare il rispetto degli accordi.

5. Fornire Incentivi

Incentivare gli Stati a rinunciare alle armi nucleari attraverso misure di sicurezza alternative, garanzie di sicurezza e benefici economici può contribuire a superare le resistenze al disarmo.

Conclusione

Le tensioni geopolitiche rappresentano una sfida significativa per il disarmo nucleare, ma non sono insormontabili. Attraverso la diplomazia, la costruzione della fiducia, gli accordi multilaterali e il coinvolgimento della società civile, è possibile affrontare queste tensioni e progredire verso un mondo senza armi nucleari. La pace e la sicurezza globali dipendono dalla capacità delle nazioni di lavorare insieme per affrontare questa sfida critica.

CAPITOLO 16: L'IMPORTANZA DELL'EDUCAZIONE SULLA QUESTIONE NUCLEARE

L'educazione svolge un ruolo fondamentale nella promozione della consapevolezza sulla questione nucleare e nel plasmare le prospettive future sul nucleare. In questo capitolo, esploreremo l'importanza dell'educazione sulla questione nucleare e come può contribuire al progresso verso un mondo senza armi nucleari.

1. Comprendere la Complessità del Nucleare

Il nucleare è una delle questioni più complesse e tecniche del nostro tempo. Per affrontare questa complessità, l'educazione svolge un ruolo chiave nel fornire informazioni accurate e comprensibili sulle armi nucleari, sull'energia nucleare e sulle sfide connesse. Gli studenti, i cittadini e i decisori politici devono comprendere i concetti fondamentali del nucleare per partecipare in modo informato al dibattito sul disarmo nucleare.

2. Promuovere la Consapevolezza delle Conseguenze

L'educazione sulla questione nucleare può illustrare chiaramente le conseguenze umane, ambientali e geopolitiche delle armi nucleari e degli incidenti nucleari.

La conoscenza delle devastanti conseguenze di Hiroshima, Nagasaki, Chernobyl e Fukushima può suscitare empatia e mobilitare l'opinione pubblica contro le armi nucleari.

3. Sviluppare Competenze di Pensiero Critico

L'educazione sulla questione nucleare non si limita a fornire dati e informazioni, ma anche a sviluppare competenze di pensiero critico. Gli studenti dovrebbero essere in grado di valutare in modo critico le politiche nucleari, esaminare le argomentazioni pro e contro le armi nucleari e partecipare a discussioni informate.

4. Promuovere il Disarmo Nucleare

Un obiettivo chiave dell'educazione sulla questione nucleare è promuovere il disarmo nucleare. Gli educatori possono sottolineare l'importanza di impegni concreti per ridurre gli arsenali nucleari, ratificare trattati di disarmo e lavorare verso un mondo privo di armi nucleari. L'educazione può ispirare la prossima generazione di attivisti per la pace e sostenitori del disarmo nucleare.

5. Coinvolgere la Società Civile

L'educazione sulla questione nucleare coinvolge non solo gli studenti nelle aule, ma anche la società civile nel suo complesso. Organizzazioni non governative, istituzioni accademiche e gruppi di cittadini possono organizzare conferenze, seminari, workshop e campagne di sensibilizzazione sulla questione nucleare. L'educazione diventa così un mezzo di mobilitazione sociale.

6. Valorizzare le Competenze Scientifiche

L'educazione sulla questione nucleare può valorizzare le competenze scientifiche e tecnologiche necessarie per affrontare il nucleare in modo responsabile. Gli studenti possono apprendere i principi della fisica nucleare, della radioprotezione e delle tecnologie nucleari, contribuendo alla formazione di esperti nel campo.

7. Rivolgere l'Attenzione al Futuro

L'educazione sulla questione nucleare deve concentrarsi sulla costruzione di un futuro più sicuro. Gli educatori possono sfidare gli studenti a immaginare un mondo senza armi nucleari e a considerare le azioni necessarie per realizzarlo. Questa prospettiva futura può ispirare l'impegno per il disarmo nucleare.

8. Fornire Risorse Accessibili

È essenziale che le risorse educative sulla questione nucleare siano accessibili a tutti. Questo include materiali didattici gratuiti, corsi online, documentari e risorse multilingue. La democratizzazione dell'educazione sulla questione nucleare permette a un pubblico più ampio di partecipare al dibattito.

9. Coinvolgere i Leader Futuri

Gli educatori possono svolgere un ruolo cruciale nell'incoraggiare i giovani a considerare carriere che affrontano le sfide nucleari, come la diplomazia nucleare, la sicurezza internazionale e la ricerca scientifica. Preparare i futuri leader per affrontare il nucleare è fondamentale per il progresso verso il disarmo.

10. Collaborazione Internazionale

L'educazione sulla questione nucleare dovrebbe essere uno sforzo globale, coinvolgendo educatori, istituzioni accademiche e organizzazioni non governative da tutto il mondo. La collaborazione internazionale può contribuire a diffondere le migliori pratiche e condividere risorse.

Conclusioni

L'educazione sulla questione nucleare è un pilastro fondamentale nella promozione del disarmo nucleare. Fornisce le conoscenze, le competenze e la consapevolezza necessarie per affrontare il nucleare in modo responsabile. Gli educatori, la società civile e gli individui hanno un ruolo cruciale nel plasmare il futuro del nucleare e nel lavorare per un mondo più sicuro e privo di armi nucleari.

CAPITOLO 17: IL RUOLO DELLE ORGANIZZAZIONI NON GOVERNATIVE NEL DISARMO NUCLEARE

Le Organizzazioni Non Governative (ONG) svolgono un ruolo cruciale nell'advocacy per il disarmo nucleare. In questo capitolo, esamineremo l'impatto delle ONG nel promuovere il disarmo nucleare, le strategie che utilizzano e i risultati che hanno ottenuto.

1. L'Impegno delle ONG per il Disarmo Nucleare

Le ONG impegnate nel disarmo nucleare si concentrano su una vasta gamma di attività per sensibilizzare l'opinione pubblica, influenzare i decisori politici e promuovere il cambiamento. Queste attività includono campagne di sensibilizzazione, advocacy, ricerca, educazione e monitoraggio delle politiche nucleari.

2. Campagne di Sensibilizzazione Pubblica

Le ONG lanciano campagne di sensibilizzazione pubblica per informare il pubblico sulle minacce delle armi nucleari e per promuovere il sostegno al disarmo. Utilizzano mezzi come i social media, petizioni online, eventi pubblici e opere d'arte per coinvolgere il pubblico e creare consapevolezza.

3. Advocacy presso i Decisori Politici

Le ONG lavorano per influenzare i decisori politici a livello nazionale e internazionale. Si impegnano in lobby, incontri con legislatori e partecipazione a conferenze internazionali per promuovere politiche di disarmo e per monitorare il rispetto degli accordi esistenti.

4. Ricerca e Analisi

Le ONG conduttrici di ricerca producono analisi dettagliate sulle questioni nucleari, inclusi i costi e i rischi delle armi nucleari, l'efficacia delle politiche di disarmo e le implicazioni umane e ambientali degli incidenti nucleari. Questa ricerca informata fornisce dati solidi per sostenere la causa del disarmo.

5. Educazione e Formazione

Molte ONG forniscono programmi educativi e formativi per studenti, attivisti e leader emergenti. Questi programmi aiutano a sviluppare competenze critiche e consapevolezza sulla questione nucleare tra le nuove generazioni.

6. Monitoraggio e Verifica

Alcune ONG impegnate nel disarmo nucleare svolgono un ruolo cruciale nel monitorare il rispetto degli accordi internazionali e delle politiche nucleari degli Stati. Questo contribuisce a garantire la trasparenza e la responsabilità nel campo nucleare.

7. Collaborazione Internazionale

Le ONG lavorano spesso insieme in reti e coalizioni globali per amplificare la loro influenza. Esempi noti includono la Campagna Internazionale per l'Abolizione delle Armi Nucleari (ICAN) e il Premio Nobel per la Pace 2017, assegnato a ICAN per il suo lavoro nel promuovere il Trattato sul divieto delle armi nucleari.

8. Successi delle ONG nel Disarmo Nucleare

Le ONG hanno ottenuto successi significativi nel campo del disarmo nucleare. Uno dei risultati più noti è l'adozione del Trattato sul divieto delle armi nucleari nel 2017, grazie agli sforzi di ICAN e di altre ONG. Questo trattato rappresenta un passo importante verso un mondo senza armi nucleari, sebbene non sia stato adottato da tutte le potenze nucleari.

9. Sfide affrontate dalle ONG

Le ONG impegnate nel disarmo nucleare affrontano numerose sfide, tra cui l'opposizione delle potenze nucleari e dei loro alleati, la mancanza di risorse finanziarie e politiche ostili ai loro obiettivi. Tuttavia, queste sfide non hanno fermato il loro impegno.

10. Il Ruolo Cruciale delle ONG nell'Avanzare verso un Mondo Senza Armi Nucleari

Le ONG svolgono un ruolo cruciale nel promuovere il disarmo nucleare e nel mantenere alta l'attenzione sulle minacce nucleari. Il loro lavoro contribuisce a spingere i governi a prendere misure concrete verso un mondo privo di armi nucleari.

Conclusione

Le Organizzazioni Non Governative sono un motore di cambiamento nel campo del disarmo nucleare. Attraverso campagne di sensibilizzazione, advocacy, ricerca e monitoraggio, le ONG promuovono la consapevolezza e spingono per il cambiamento politico. Il loro impegno è essenziale per il progresso verso un mondo più sicuro e privo di armi nucleari, e il loro lavoro continua a ispirare attivisti, studenti e cittadini in tutto il mondo a sostenere questa causa critica.

CAPITOLO 18: LA RESPONSABILITÀ INDIVIDUALE PER IL DISARMO NUCLEARE

Il disarmo nucleare non è solo una questione di politica globale, ma anche una responsabilità che ogni individuo può assumersi. In questo capitolo, esploreremo il ruolo della responsabilità individuale nel sostegno al disarmo nucleare e le azioni concrete che le persone possono intraprendere per promuovere questa causa vitale.

1. L'Importanza della Consapevolezza

La consapevolezza è il primo passo verso il sostegno al disarmo nucleare. Gli individui devono educarsi sulle minacce nucleari, le conseguenze degli arsenali nucleari e le sfide connesse al nucleare. La ricerca e l'apprendimento sono fondamentali per capire appieno la questione.

2. Coinvolgere l'Opinione Pubblica

Gli individui possono svolgere un ruolo cruciale nel coinvolgere l'opinione pubblica nella discussione sul disarmo nucleare. Questo può includere la partecipazione a proteste, la condivisione di informazioni sulle reti sociali, la scrittura di articoli di opinione e la partecipazione a eventi di sensibilizzazione.

3. Comunicare con i Leader Politici

Gli individui possono scrivere ai loro rappresentanti politici, chiedendo loro di impegnarsi per il disarmo nucleare. L'influenza dei cittadini sulla politica è un elemento chiave della democrazia e può contribuire a spingere i governi verso azioni concrete.

4. Supportare Organizzazioni e Movimenti per il Disarmo

Le persone possono sostenere finanziariamente e volontariamente organizzazioni e movimenti dedicati al disarmo nucleare. Queste organizzazioni lavorano per sensibilizzare l'opinione pubblica, influenzare le politiche e promuovere azioni concrete.

5. Promuovere il Trattato sul Divieto delle Armi Nucleari

Gli individui possono sostenere e promuovere il Trattato sul Divieto delle Armi Nucleari (TAN) adottato nel 2017. Anche se alcune potenze nucleari non lo hanno ratificato, il TAN rappresenta un passo significativo verso il disarmo e riceve il sostegno di molti paesi.

6. Educazione e Formazione

Gli individui possono partecipare a corsi, seminari e workshop sull'argomento nucleare. Queste opportunità offrono una comprensione più approfondita della questione e possono fornire competenze per sostenere il disarmo nucleare in modo efficace.

7. Promuovere il Dialogo e la Diplomazia

Gli individui possono promuovere il dialogo e la diplomazia come mezzi di risoluzione delle dispute internazionali. L'uso del dialogo anziché delle minacce nucleari può contribuire a ridurre le tensioni globali.

8. Ridurre la Dipendenza dalle Fonti di Energia Nucleare

La riduzione della dipendenza dalle fonti di energia nucleare può contribuire indirettamente al disarmo. Gli individui possono sostenere l'uso di energie rinnovabili e sostenibili come alternative all'energia nucleare.

9. Coinvolgere le Nuove Generazioni

Coinvolgere i giovani nelle discussioni sul disarmo nucleare è fondamentale per il futuro. Gli individui possono lavorare con scuole e istituti per organizzare programmi educativi e sensibilizzazione tra i giovani.

10. Responsabilità nell'Utilizzo delle Risorse Sociali

Le persone possono esercitare la loro responsabilità individuale nell'utilizzo delle risorse sociali. Questo significa condividere informazioni accurate e responsabili sulle questioni nucleari, evitando la disinformazione e promuovendo il dialogo costruttivo.

11. Coinvolgersi nelle Elezioni

Partecipare alle elezioni e sostenere candidati che promuovono il disarmo nucleare è un modo diretto per influenzare le politiche nucleari. Gli individui possono votare per leader che mettono al centro della loro agenda il disarmo nucleare.

12. Essere Modelli di Ruolo

Le persone possono essere modelli di ruolo per gli altri attraverso il loro impegno attivo per il disarmo nucleare. Questo può ispirare gli altri a prendere posizione e a seguire l'esempio.

Conclusioni

La responsabilità individuale nel sostegno al disarmo nucleare è una componente essenziale per il progresso verso un mondo privo di armi nucleari. Ogni individuo può contribuire alla causa in modi diversi, dalla sensibilizzazione pubblica all'advocacy, dalla partecipazione a eventi di sensibilizzazione all'educazione e alla formazione. Il disarmo nucleare è una sfida globale, ma richiede l'impegno di ciascuno di noi per realizzare un futuro più sicuro e pacifico per le generazioni future.

CAPITOLO 19: LA ROADMAP PER UN MONDO SENZA NUCLEARE

La realizzazione di un mondo senza armi nucleari è un obiettivo ambizioso, ma possibile. Per raggiungere questo risultato cruciale, è necessario definire una roadmap con passi concreti e misure ben pianificate. In questo capitolo, esploreremo una roadmap per il disarmo nucleare, evidenziando le azioni necessarie per realizzare questo obiettivo.

1. Passo 1: Impegno Globale

Il primo passo fondamentale è ottenere l'impegno globale per il disarmo nucleare. Questo richiede la partecipazione di tutte le nazioni, inclusi i paesi con armi nucleari. Un importante punto di partenza è la ratifica universale del Trattato sul Divieto delle Armi Nucleari (TAN), che fornisce una base legale per il disarmo.

2. Passo 2: Riduzione degli Arsenali Nucleari

Le potenze nucleari devono impegnarsi nella riduzione graduale dei loro arsenali nucleari. Questo processo dovrebbe essere condotto in modo trasparente e verificabile, con l'obiettivo di ridurre le scorte nucleari a livelli minimi credibili.

3. Passo 3: Verificabilità e Trasparenza

La verificabilità e la trasparenza sono fondamentali per il

disarmo nucleare. Le nazioni devono consentire l'ispezione e la verifica internazionale delle loro installazioni nucleari, garantendo che gli impegni di disarmo siano rispettati.

4. Passo 4: Eliminazione delle Armi Tattiche

Le armi nucleari tattiche, spesso trascurate ma altamente pericolose, devono essere affrontate in modo specifico. Gli Stati dovrebbero impegnarsi a eliminare gradualmente queste armi, riducendo così il rischio di uso accidentale.

5. Passo 5: Conversione delle Infrastrutture Nucleari

Le infrastrutture nucleari devono essere riconvertite per scopi pacifici. Gli impianti di arricchimento dell'uranio e le strutture di produzione di plutonio possono essere utilizzati per scopi nucleari civili, come l'energia nucleare o la medicina.

6. Passo 6: Sicurezza e Custodia

La sicurezza e la custodia delle armi nucleari esistenti devono essere una priorità. Ciò significa garantire che le armi siano protette da furti, atti terroristici o accessi non autorizzati.

7. Passo 7: Coinvolgimento delle Organizzazioni Internazionali

Le organizzazioni internazionali, in particolare l'Agenzia Internazionale per l'Energia Atomica (IAEA), devono svolgere un ruolo centrale nella supervisione del disarmo nucleare. L'IAEA dovrebbe ricevere un mandato più ampio per monitorare e verificare il disarmo.

8. Passo 8: Formazione e Sensibilizzazione

La formazione e la sensibilizzazione svolgono un ruolo cruciale nella roadmap. Gli sforzi per coinvolgere la società civile, educare i giovani e sensibilizzare l'opinione pubblica sulle questioni nucleari sono fondamentali per sostenere il disarmo nucleare.

9. Passo 9: Diplomazia Multilaterale

La diplomazia multilaterale è essenziale per il disarmo

nucleare. Le conferenze internazionali, i negoziati e gli accordi devono essere utilizzati per promuovere il disarmo e risolvere le dispute nucleari.

10. Passo 10: Misure di Sicurezza Alternative

Le nazioni devono sviluppare misure di sicurezza alternative per garantire la loro difesa senza dipendere dalle armi nucleari. Questo può includere accordi di sicurezza, cooperazione militare regionale e rafforzamento delle capacità di difesa convenzionale.

11. Passo 11: Ratifica Universale del TAN

La ratifica universale del Trattato sul Divieto delle Armi Nucleari deve essere un obiettivo finale. Questo trattato impegna gli Stati a non sviluppare, testare, produrre, acquisire, detenere o stoccare armi nucleari.

12. Passo 12: Monitoraggio Continuo e Revisione

La roadmap per il disarmo nucleare deve essere soggetta a un monitoraggio continuo e a una revisione periodica. Le sfide emergenti e l'evoluzione del contesto internazionale richiedono un adattamento costante delle strategie.

13. Passo 13: Rafforzamento delle Organizzazioni Internazionali

Le organizzazioni internazionali devono essere rafforzate per svolgere un ruolo più efficace nel disarmo nucleare. Questo potrebbe includere una revisione delle strutture di governance e un aumento delle risorse.

14. Passo 14: Sviluppo di Strutture di Pace Globale

Il disarmo nucleare deve essere visto all'interno di un quadro più ampio di pace globale. Le nazioni devono lavorare insieme per affrontare le cause sottostanti dei conflitti e promuovere la cooperazione internazionale.

15. Passo 15: Coinvolgimento delle Nuove Generazioni

Coinvolgere le nuove generazioni è fondamentale per il successo del disarmo nucleare a lungo termine. Gli sforzi per educare e sensibilizzare i giovani devono essere sostenuti e rafforzati.

Conclusioni

La roadmap per un mondo senza armi nucleari richiede un impegno costante, cooperazione internazionale e azioni concrete. Raggiungere questo obiettivo non sarà facile, ma è un imperativo morale e strategico. Il disarmo nucleare può contribuire a creare un mondo più sicuro e pacifico per tutti gli abitanti del pianeta, e la roadmap delineata in questo capitolo fornisce una guida per perseguire questo importante obiettivo.

CAPITOLO 20:
SOGNO O REALTÀ?
IL FUTURO DEL
DISARMO NUCLEARE

Nel capitolo finale di questa trattazione sul disarmo nucleare, esploreremo il futuro del movimento per il disarmo nucleare e rifletteremo sulle sfide e le opportunità che attendono coloro che perseguono l'obiettivo di un mondo privo di armi nucleari.

1. La Visione di un Mondo Senza Nucleare

La visione di un mondo senza armi nucleari è una fonte di ispirazione per molti, ma rimane un obiettivo ambizioso. Tuttavia, è importante ricordare che anche le sfide più grandi possono essere superate quando c'è un impegno globale.

2. Le Sfide Persistono

Nonostante i progressi compiuti nel movimento per il disarmo nucleare, le sfide persistono. Alcune potenze nucleari hanno aumentato le loro spese per la modernizzazione degli arsenali, mentre altre hanno resistito all'adesione al Trattato sul Divieto delle Armi Nucleari (TAN). Le tensioni geopolitiche e le preoccupazioni per la sicurezza continuano a ostacolare il disarmo.

3. La Necessità della Leadership Globale

La leadership globale è essenziale per il successo del disarmo nucleare. Le nazioni con armi nucleari devono assumersi la responsabilità di guidare il processo di disarmo e dimostrare che è possibile garantire la sicurezza senza armi nucleari.

4. Coinvolgimento della Società Civile

La società civile ha un ruolo fondamentale nel promuovere il disarmo nucleare. Gli attivisti, le ONG e i cittadini devono continuare a sollecitare l'azione dei governi e a sensibilizzare l'opinione pubblica sulle conseguenze delle armi nucleari.

5. Il Potere della Diplomazia

La diplomazia rimane uno strumento potente per il disarmo nucleare. Gli incontri diplomatici, i negoziati e gli accordi internazionali possono contribuire a ridurre le tensioni e a promuovere la fiducia tra le nazioni.

6. La Tecnologia e la Sicurezza

La tecnologia svolge un ruolo cruciale nella sicurezza nucleare. Le innovazioni nel campo delle armi convenzionali, delle cyber minacce e dei sistemi di difesa antimissile possono influenzare il contesto del disarmo nucleare.

7. La Verificabilità e la Trasparenza

La verificabilità e la trasparenza rimangono sfide nel disarmo nucleare. Gli sforzi per garantire l'accesso e la verifica delle strutture nucleari devono essere intensificati.

8. Il Ruolo delle Organizzazioni Internazionali

Le organizzazioni internazionali, come l'IAEA, devono continuare a svolgere un ruolo centrale nel disarmo nucleare. Queste organizzazioni possono contribuire a garantire il rispetto degli accordi nucleari.

9. Il Ruolo delle Potenze Nucleari

Le potenze nucleari devono considerare il disarmo nucleare come una priorità strategica. La riduzione degli arsenali nucleari e il coinvolgimento in negoziati multilaterali sono passi fondamentali.

10. La Sostenibilità del Movimento per il Disarmo Nucleare

Il movimento per il disarmo nucleare deve rimanere sostenibile a lungo termine. Questo richiede l'attiva partecipazione delle nuove generazioni e il mantenimento dell'attenzione sull'obiettivo del disarmo.

11. L'Influenza dell'Opinione Pubblica

L'opinione pubblica può esercitare una grande influenza sulle politiche nucleari. Gli individui che si mobilitano e fanno sentire la propria voce possono spingere i governi a prendere misure concrete per il disarmo.

12. Le Opportunità nel Disarmo Nucleare

Nonostante le sfide, ci sono anche opportunità nel campo del disarmo nucleare. Il cambiamento può avvenire quando c'è una confluenza di fattori favorevoli, e la volontà politica, la diplomazia e la pressione pubblica possono creare le condizioni per il progresso.

13. L'Urgenza del Disarmo Nucleare

L'urgente necessità del disarmo nucleare non può essere sottolineata abbastanza. Le armi nucleari rappresentano una minaccia esistenziale per l'umanità e il pianeta stesso. Il disarmo non è un'opzione, ma una necessità.

14. La Responsabilità di Tutti

La responsabilità del disarmo nucleare appartiene a tutti noi. Ogni individuo, ogni comunità e ogni nazione ha un ruolo da svolgere nel perseguire questa causa critica.

Conclusioni

Il futuro del disarmo nucleare è incerto, ma la visione di un mondo senza armi nucleari deve continuare a guidare i nostri sforzi. Il disarmo è una sfida globale che richiede la collaborazione di tutti, dalla leadership politica alla società civile e alle nuove generazioni. Non possiamo permetterci di rimandare l'azione. Il futuro del nostro pianeta e della nostra civiltà dipende dal nostro impegno per un mondo privo di armi nucleari. Il sogno di un mondo senza nucleare può diventare una realtà se ci impegniamo tutti a realizzarlo.

CAPITOLO 21: OPINIONI PERSONALI E IDEE INNOVATIVE PER IL DISARMO NUCLEARE

Oltre a esaminare le sfide e le opportunità per il disarmo nucleare, è importante condividere alcune opinioni personali e idee innovative per affrontare la questione in modo più efficace.

1. Promuovere la Diplomazia Preventiva

Un approccio innovativo potrebbe essere quello di promuovere la diplomazia preventiva come mezzo per evitare conflitti che potrebbero portare all'uso delle armi nucleari. Gli Stati potrebbero impegnarsi a condurre discussioni regolari e approfondite con altre nazioni per affrontare le tensioni e prevenire situazioni di crisi.

2. Un Fondo Globale per il Disarmo Nucleare

Potrebbe essere creato un fondo globale per il disarmo nucleare, finanziato da contributi volontari di nazioni e individui interessati. Questo fondo potrebbe sostenere progetti di conversione delle infrastrutture nucleari, iniziative di sensibilizzazione e programmi di educazione sulla pace.

3. L'Utilizzo della Tecnologia per la Verificabilità

La tecnologia può svolgere un ruolo fondamentale nella verificabilità dei disarmi nucleari. L'uso di satelliti, droni e sistemi di monitoraggio avanzati potrebbe fornire un livello senza precedenti di trasparenza e controllo sul disarmo nucleare.

4. L'Accordo di Non-Uso delle Armi Nucleari

Le nazioni potrebbero considerare la possibilità di stipulare un accordo globale di non- uso delle armi nucleari, impegnandosi a non impiegare armi nucleari in nessuna circostanza. Questo potrebbe rappresentare un passo significativo verso il disarmo.

5. Il Coinvolgimento Attivo delle Nuove Generazioni

Le nuove generazioni dovrebbero essere coinvolte in modo più attivo nella promozione del disarmo nucleare. Programmi educativi, hackathon, e competizioni creative potrebbero essere organizzati per incoraggiare i giovani a contribuire con idee innovative al disarmo.

6. Il Ruolo dell'Arte e della Cultura

L'arte e la cultura possono svolgere un ruolo fondamentale nel promuovere il disarmo nucleare. Si potrebbero organizzare festival cinematografici, mostre d'arte e concerti musicali dedicati al disarmo nucleare per coinvolgere il pubblico in modo emozionale e creativo.

7. La Cooperazione Regionale

Le regioni del mondo potrebbero sviluppare iniziative di cooperazione regionale per il disarmo nucleare. Paesi vicini potrebbero collaborare per promuovere la riduzione degli arsenali nucleari e la stabilità nella loro regione.

8. Trasparenza Finanziaria

Le nazioni nucleari potrebbero impegnarsi a fornire trasparenza finanziaria completa sulle spese militari legate alle armi nucleari. Questo consentirebbe una comprensione più chiara delle dimensioni e delle intenzioni degli arsenali nucleari.

9. L'Impegno delle Celebrità e delle Figure Pubbliche

Le celebrità e le figure pubbliche possono svolgere un ruolo cruciale nel promuovere il disarmo nucleare. Il loro coinvolgimento in campagne di sensibilizzazione e il loro sostegno pubblico possono amplificare la voce del movimento.

10. La Mobilitazione su Internet

Le campagne online e sui social media possono mobilitare milioni di persone in tutto il mondo. L'uso creativo di hashtag, petizioni online e video virali può attirare l'attenzione globale sul disarmo nucleare.

11. Le Sanzioni Economiche per il Non-Rispetto degli Accordi

Le nazioni potrebbero considerare l'adozione di sanzioni economiche contro le nazioni che non rispettano gli accordi di disarmo nucleare. Questo potrebbe essere un mezzo per creare un incentivo al rispetto degli impegni presi.

Conclusioni

Il disarmo nucleare è una sfida globale che richiede innovazione, impegno e creatività. Oltre a sottolineare le sfide e le opportunità, è importante considerare idee originali per accelerare il progresso verso un mondo senza armi nucleari. Con l'unità globale e l'innovazione, il sogno di un mondo senza nucleare può diventare una realtà concreta.

EPILOGO

Mentre siamo giunti alla conclusione di questo viaggio attraverso il mondo del nucleare, riflettiamo su quanto abbiamo scoperto e sui passi futuri. "Stop al Nucleare: Sognando un Mondo Senza Energia Nucleare e Bombe Atomiche" è stato un'esplorazione delle molteplici sfaccettature del nucleare, un'immersione nelle sue implicazioni scientifiche, politiche e umane.

Il nucleare è un argomento che scuote le coscienze, suscita preoccupazioni profonde e sfida il nostro senso di responsabilità verso il pianeta e l'umanità stessa. Nel corso del nostro viaggio, abbiamo toccato le radici dell'energia nucleare, esaminato gli orrori delle armi atomiche e scrutato le complesse implicazioni della politica nucleare.

Abbiamo esplorato le origini dell'energia nucleare, dalla scoperta dell'atomo alle prime applicazioni pratiche. Questo percorso ci ha portato a una comprensione più profonda delle sfide e delle opportunità associate all'energia nucleare.

Abbiamo poi affrontato il potenziale catastrofico delle armi nucleari, riconoscendo la loro capacità di infliggere distruzione su vasta scala. Queste armi, nonostante la loro terribile efficacia, hanno anche svolto un ruolo nel mantenere un equilibrio globale durante la Guerra Fredda.

Le lezioni dolorose di Fukushima e Chernobyl ci hanno insegnato le conseguenze a lungo termine degli incidenti nucleari, mettendo in luce l'importanza della sicurezza nucleare e della gestione responsabile delle centrali nucleari.

Abbiamo esaminato il costo nascosto dell'energia nucleare, rivelando i suoi impatti ambientali e sanitari spesso sottovalutati. È diventato chiaro che l'energia nucleare comporta compromessi significativi, che vanno oltre la sua apparente efficienza.

L'influenza dell'industria nucleare sulla politica è stata esplorata, sottolineando come gli interessi economici possano plasmare le decisioni dei governi. Questo solleva questioni cruciali sulla trasparenza e la responsabilità delle politiche nucleari.

Hanno poi guadagnato rilevanza le organizzazioni internazionali, come l'Agenzia Internazionale per l'Energia Atomica (IAEA) e il Trattato per la non proliferazione nucleare (NPT), che giocano un ruolo fondamentale nel controllo nucleare.

Il capitolo successivo ci ha introdotto all'Iniziativa per un Disarmo Nucleare Globale, mettendo in evidenza il contributo dei movimenti globali per la pace e il disarmo nucleare. Questi attivisti e organizzazioni spingono per un cambiamento significativo nelle politiche nucleari.

Abbiamo poi esaminato gli sforzi delle potenze nucleari nel ridurre il loro arsenale, riconoscendo la complessità e la delicatezza del disarmo nucleare. La riduzione delle armi nucleari è una tappa cruciale verso un mondo più sicuro.

La scienza e la tecnologia, come abbiamo visto, possono sostenere la causa del disarmo nucleare attraverso innovazioni creative. La ricerca scientifica è un alleato potente nella lotta contro le sfide nucleari.

Abbiamo anche esplorato il ruolo dei leader carismatici nel promuovere il disarmo nucleare, attraverso esempi di figure mondiali che hanno influenzato la politica globale.

Il libro ha inoltre gettato luce sui movimenti per la pace e il disarmo nucleare in tutto il mondo, dimostrando come persone comuni possano fare la differenza attraverso l'attivismo e la sensibilizzazione.

Le voci delle vittime del nucleare sono state ascoltate, dando loro uno spazio per raccontare le loro storie e testimonianze oculari delle conseguenze devastanti degli incidenti nucleari.

Abbiamo esaminato il ruolo dell'arte e della cultura nel promuovere la consapevolezza sulla questione nucleare, riconoscendo il potere dell'espressione artistica nel trasmettere emozioni e riflessioni sulla realtà nucleare.

Inoltre, abbiamo dipinto un'immagine del futuro senza armi nucleari, sottolineando i vantaggi di un mondo pacifico e il nostro impegno verso questo obiettivo.

Le tensioni geopolitiche che ostacolano il disarmo nucleare sono state esaminate, evidenziando la complessità del contesto in cui si svolge questa lotta per la pace.

L'importanza dell'educazione sulla questione nucleare è stata riconosciuta, con l'istruzione che svolge un ruolo fondamentale nella promozione della consapevolezza e della comprensione.

Abbiamo esplorato anche l'impatto delle organizzazioni non governative (ONG) nell'advocacy per il disarmo nucleare, sottolineando il ruolo significativo che svolgono nell'orientare la politica globale verso un futuro senza armi nucleari.

Il libro ha sottolineato la responsabilità individuale nel disarmo nucleare, evidenziando che ognuno di noi può contribuire a questa causa con azioni quotidiane.

Infine, è stato offerto un piano concreto per un mondo senza nucleare, una roadmap che richiede impegno e azione.

Mentre chiudiamo queste pagine, non possiamo fare a meno di domandarci quale sarà il futuro del nucleare e del disarmo nucleare. Siamo consapevoli delle sfide che dobbiamo affrontare, ma dobbiamo anche mantenere viva la speranza di un mondo più sicuro e pacifico.

Il nucleare può essere una forza creatrice o distruttiva, ma la direzione che prenderà dipende dalle scelte che facciamo. Insieme, possiamo fare la differenza, lavorando verso un futuro in cui l'energia nucleare e le armi atomiche non siano più una minaccia per la nostra esistenza.

Speriamo che questo libro vi abbia ispirato a riflettere sul nucleare in modi nuovi e significativi, spingendovi a considerare il ruolo che potete svolgere nel plasmare il nostro futuro nucleare. Che vi abbia fatto sognare un mondo senza nucleare, ma anche agire per realizzare quel sogno.

Grazie per essere stati con noi in questo viaggio. La strada potrà essere lunga e tortuosa, ma è una strada che dobbiamo percorrere insieme. Il futuro è nelle nostre mani, e dipende da noi fare scelte sagge e responsabili.

Con speranza e determinazione,

John Valentine

POSTFAZIONE

Ora che abbiamo completato questo viaggio attraverso il mondo del nucleare, è il momento di riflettere su ciò che abbiamo scoperto e su come possiamo andare avanti. Abbiamo esplorato le radici dell'energia nucleare e il suo impatto sulla nostra società, abbiamo affrontato le minacce delle armi nucleari e abbiamo esaminato come la politica e la scienza si intreccino in questo campo complesso.

Abbiamo visto come l'energia nucleare abbia il potenziale per fornire una fonte significativa di elettricità, ma anche come comporti rischi ambientali e sanitari significativi. Abbiamo esaminato i momenti tragici di Fukushima e Chernobyl, che ci hanno insegnato le lezioni più dure sulla sicurezza nucleare e le sue conseguenze. Abbiamo esplorato le implicazioni politiche e il ruolo delle organizzazioni internazionali nel controllo nucleare.

Abbiamo anche gettato uno sguardo sul futuro, esaminando le strade che potrebbero portarci a un mondo senza nucleare. Abbiamo discusso del contributo della scienza, del ruolo dei leader carismatici e del potere dell'attivismo e dell'arte nel plasmare il nostro futuro nucleare.

Ma, alla fine, dovremmo chiederci: cosa possiamo fare noi, come individui, per contribuire a un mondo senza nucleare? La risposta è che ciascuno di noi ha un ruolo da svolgere. Possiamo educare noi stessi e gli altri sulla questione nucleare, possiamo sostenere le organizzazioni che si battono per il disarmo nucleare e possiamo far sentire la nostra voce presso i nostri leader politici.

In questo mondo complesso e talvolta spaventoso del nucleare, dobbiamo essere cittadini informati e attivi. Dobbiamo sognare un mondo senza nucleare, ma dobbiamo anche lavorare per realizzare quel sogno. La strada sarà lunga e difficile, ma è una strada che dobbiamo percorrere insieme.

Spero che questo libro vi abbia ispirato a riflettere sul nucleare in modi nuovi e significativi. Che vi abbia spinti a considerare il ruolo che possiamo svolgere nel plasmare il nostro futuro nucleare. Che vi abbia fatto sognare un mondo senza nucleare, ma anche agire per realizzare quel sogno.

Grazie per avermi accompagnato in questo viaggio. Il nucleare può essere un alleato o un nemico, ma la sua direzione dipende dalle scelte che facciamo. Insieme, possiamo fare la differenza.

Con speranza e determinazione,
John Valentine

RINGRAZIAMENTO

Desidero esprimere la mia sincera gratitudine a tutti coloro che hanno scelto di intraprendere questo viaggio attraverso le pagine di "Stop al Nucleare: Sognando un Mondo Senza Energia Nucleare e Bombe Atomiche". Questo libro è stato un'opera d'amore e impegno, e il vostro interesse e sostegno significano molto per me.

Innanzitutto, voglio ringraziare i lettori. Siete la ragione per cui ho scritto questo libro. Spero che abbiate trovato queste pagine informative, stimolanti e coinvolgenti. La vostra curiosità e il vostro interesse per il nucleare e il disarmo nucleare sono fondamentali per promuovere una comprensione più approfondita di questo tema cruciale.

Un ringraziamento speciale va a coloro che hanno contribuito direttamente a questo progetto. A coloro che hanno condiviso le loro conoscenze, esperienze e prospettive, permettendomi di creare un libro più completo e bilanciato. Ai ricercatori, agli attivisti, agli esperti e a tutti coloro che hanno condiviso il loro tempo e la loro saggezza, grazie di cuore.

Ringrazio anche la mia famiglia e gli amici per il loro costante supporto e incoraggiamento. La scrittura di un libro è un impegno che richiede tempo e dedizione, e il vostro sostegno è stato fondamentale per portare questo progetto a termine.

Un ringraziamento speciale va anche al team di OpenAI, che ha reso possibile la creazione di questa opera attraverso la tecnologia avanzata di intelligenza artificiale. Il vostro impegno per l'innovazione ha aperto nuove possibilità nella scrittura e nella condivisione del sapere.

Infine, voglio ringraziare chiunque lavori per un mondo più sicuro e pacifico. Siano essi attivisti, diplomatici, scienziati, insegnanti o leader, il vostro impegno per il disarmo nucleare è di fondamentale importanza. Continuate a lavorare per un futuro senza armi nucleari, perché è un obiettivo che merita ogni sforzo.

Insieme, possiamo fare la differenza. Grazie ancora per aver letto "Stop al Nucleare" e per essere parte di questo importante dialogo sulla questione nucleare.

Con gratitudine,

John Valentine

INFORMAZIONI SULL'AUTORE

John Valentine

John Valentine è un autore italiano nato nel 1986. Dopo aver completato gli studi universitari, ha deciso di intraprendere un viaggio intorno al mondo per approfondire la sua conoscenza di diverse culture e pratiche spirituali. Durante questi viaggi, ha scoperto nuove tecniche che lo hanno aiutato a sviluppare la sua passione per la scrittura e per la ricerca dei misteri dell'universo.

Valentine ha coltivato una particolare attenzione ai temi dell'energia, dell'attrazione e dei chakra, apprendendo diverse tecniche per l'equilibrio e la purificazione dei propri centri energetici. La sua conoscenza e la sua pratica di queste tecniche gli hanno permesso di acquisire una maggiore consapevolezza dell'importanza dell'energia nella vita quotidiana e nei rapporti interpersonali.

Dopo il suo ritorno in Italia, John Valentine ha deciso di condividere le sue conoscenze e la sua esperienza con il mondo attraverso la scrittura. Il suo primo libro, "Il guerriero del sapere: Attingi al vero potenziale della tua mente con il pensiero positivo", è diventato un bestseller internazionale grazie alla sua capacità di trasmettere in modo chiaro e accessibile la sua conoscenza dell'energia.

Valentine continua a scrivere e a condividere la sua conoscenza con il mondo, aiutando le persone a migliorare la propria vita attraverso la comprensione e l'uso consapevole dell'energia. La sua passione per la scrittura e la ricerca continua a ispirare molte persone in tutto il mondo, e il suo impegno verso la diffusione di questa conoscenza rimane forte e costante.

LIBRI DI QUESTA COLLANA

Misteri e nuove teorie

La collana "Misteri e nuove teorie" esplora i misteri più intriganti e le teorie più controverse dell'universo. Dai segreti degli UFO e degli alieni alle teorie del multiverso, ci immergeremo in un mondo di possibilità e scopriremo le ultime scoperte scientifiche e le opinioni dei più grandi pensatori del nostro tempo. Ogni libro della collana sarà scritto da esperti del settore e fornirà un'analisi dettagliata e obiettiva delle teorie e dei misteri trattati. Preparati a esplorare l'ignoto e a scoprire nuove verità sull'universo che ci circonda.

Siamo pronti per entrare nel mondo del mistero, delle nuove teorie e del paranormale, visiteremo nuovi mondi, nuovi

universi, percorreremo tanta strada indietro e avanti nel tempo per cercare di dare una spiegazione a quello che ci

circonda che noi possiamo vederlo o no.

Ombre Di Potenza: Robert Oppenheimer E La Nascita Dell'era Atomica

Ombre di Potenza di John Valentine è una straordinaria esplorazione della vita e delle sfide di Robert Oppenheimer, figura chiave nell'era atomica. Questo libro offre una narrazione coinvolgente della storia delle armi nucleari, dalla loro nascita all'attuale dibattito sul loro futuro.

Il libro inizia con una panoramica della figura di Oppenheimer e del suo ruolo nel contesto storico del XX secolo. Si esamina il coinvolgimento di Albert Einstein nella concezione della bomba atomica e la loro corrispondenza.

Segue una dettagliata analisi del percorso accademico e professionale di Oppenheimer, con un focus sulla sua genialità scientifica. Si esplorano poi il contesto della Seconda Guerra Mondiale e la creazione del Progetto Manhattan.

Il libro tratta anche delle implicazioni etiche della bomba atomica, delle prove nucleari, delle bombe su Hiroshima e Nagasaki e del cambiamento di atteggiamento di Oppenheimer verso la sua creazione.

Si prosegue con il periodo della Guerra Fredda, il Maccartismo e la rinascita intellettuale di Oppenheimer. Il libro esamina inoltre il suo ruolo nel dibattito sul disarmo nucleare e le iniziative internazionali.

L'autore offre infine idee e riflessioni originali su come affrontare le sfide nucleari contemporanee e il cammino verso un futuro senza armi nucleari.

Ombre di Potenza è una lettura avvincente per chi desidera comprendere il passato e il futuro delle armi nucleari e il loro impatto sulla scienza, l'etica e il destino dell'umanità. Con una scrittura coinvolgente, John Valentine presenta una storia affascinante e una riflessione profonda su uno dei temi più importanti della nostra epoca.

Scienza Unveiled: Viaggio Attraverso Le Epoche Delle Scoperte E Degli Esperimenti

"Scienza Unveiled: Viaggio attraverso le Epoche delle Scoperte e degli Esperimenti" è un'opera straordinaria che ti condurrà in un affascinante viaggio attraverso le epoche della scienza, esplorando le scoperte, gli esperimenti e le menti brillanti che hanno plasmato il nostro mondo. Scritto con passione e competenza da John Valentine, questo libro offre una prospettiva approfondita delle tappe fondamentali del progresso scientifico, dalla nascita della scienza antica alle sfide futuristiche.

Attraverso una narrazione avvincente, "Scienza Unveiled" ti guiderà attraverso una serie di tappe essenziali che hanno segnato il corso della scienza e della conoscenza umana:

Esplorerai le radici della scienza nell'antichità, dall'alchimia all'astronomia, e scoprirai come le civiltà antiche hanno gettato le basi per il pensiero razionale e il metodo scientifico.

Ti immergerai nella vita e nei contributi di Galileo Galilei, che ha rivoluzionato l'astronomia attraverso il suo telescopio, svelando un universo inesplorato.

Seguirai il percorso dell'evoluzione della chimica dall'alchimia all'era moderna, attraverso le scoperte di figure come Paracelso e Lavoisier.

Scoprirai come Charles Darwin abbia scosso il mondo con la sua teoria dell'evoluzione e cambiato radicalmente la nostra comprensione dell'origine e della diversità delle specie.

Esplorerai il mondo meccanico di Newton e il potere dell'attrazione, dalla sua famosa legge di gravità alla fisica classica.

Ti addentrerai nell'era moderna dell'elettricità e del magnetismo grazie alle scoperte di Faraday e all'induzione elettromagnetica.

Esplorerai il regno strano e affascinante della meccanica quantistica, dove le leggi fisiche tradizionali sembrano scomparire, aprendo nuovi orizzonti di comprensione.

Seguirai il percorso di Watson e Crick nella decifrazione della struttura del DNA, una scoperta che ha aperto nuove frontiere nella biologia molecolare.

Esplorerai il concetto di relatività e il modo in cui Einstein ha rivoluzionato la nostra concezione di spazio, tempo ed energia.

Vivrà la corsa epica alla Luna e l'audace esplorazione dello spazio da parte dell'umanità, dalla conquista lunare alle missioni interplanetarie.

Esplorerai la lotta contro le malattie infettive, dalle prime vaccinazioni all'epidemia di COVID-19, e come la scienza ha affrontato sfide mediche globali.

Scoprirai come l'informatica e la tecnologia digitale abbiano ridefinito il nostro mondo, dai primi computer agli smartphone.

Esplorerai la consapevolezza ambientale e la scienza del clima, affrontando le sfide ambientali globali e il ruolo della scienza nella comprensione e nella soluzione.

Ti addentrerai nel mondo nascosto a livello atomico attraverso la microscopia e la rivelazione del mondo nanometrico.

Esplorerai i potenziali e i rischi dell'energia nucleare e le ricerche sulla fusione come possibile soluzione energetica futura.

Getta uno sguardo speculativo alle teorie avanzate come la teoria delle stringhe e l'intelligenza artificiale avanzata, esplorando il futuro della scienza oltre i confini attuali.

"Scienza Unveiled" ti offre l'opportunità di esplorare le tappe fondamentali dell'avanzamento scientifico, dalla storia antica fino alle sfide e alle prospettive del futuro. Con una scrittura chiara e coinvolgente, John Valentine ti guiderà attraverso un viaggio affascinante di scoperte, esperimenti e intuizioni che hanno plasmato il nostro mondo e la nostra comprensione della realtà.

Se sei un appassionato di scienza, filosofia e scoperta, questo libro è un must-read che ti spingerà a riflettere sulle radici della conoscenza umana e sulla visione del futuro. Con "Scienza Unveiled", John Valentine ti offre un viaggio intellettuale emozionante che ti lascerà arricchito di nuove conoscenze e prospettive su ciò che è stato e su ciò che potrebbe essere.

Universi Paralelli : Ipotesi Di Multiverso

Siamo onorati di presentare questo libro che esplora alcuni dei misteri più intriganti e affascinanti dell'universo. Nelle pagine seguenti, i lettori avranno l'opportunità di immergersi in un mondo di idee e ipotesi che stanno cambiando il modo in cui vediamo e comprendiamo il nostro universo.

Da teorie sull'esistenza di universi paralleli a nuove interpretazioni della relatività generale, questo libro offre una panoramica delle teorie scientifiche più intriganti e affascinanti degli ultimi tempi.

Il libro è scritto da autori esperti che hanno dedicato anni allo studio e alla ricerca di questi argomenti. Essi hanno raccolto informazioni e dati precisi e hanno cercato di darvi una visione completa e obiettiva su questi argomenti.

Questo libro è per tutti coloro che sono curiosi di saperne di più sull'universo e sulla natura della realtà. Vi invitiamo a leggere con una mente aperta e a lasciare che queste teorie vi portino in un viaggio immaginativo attraverso l'universo sconosciuto. Siamo sicuri che questo libro vi fornirà nuove prospettive e vi farà riflettere su molte questioni ancora senza risposta.

LIBRI DI QUESTO AUTORE

Mente Quantum Nuove Frontiere: Esplorando Le Frontiere Della Scienza, Della Filosofia E Della Spiritualità Per Trasformare La Nostra Comprensione Della Mente E Della Realtà.

"Mente Quantum Nuove Frontiere: Esplorando le frontiere della scienza, della filosofia e della spiritualità per trasformare la nostra comprensione della mente e della realtà" di John Valentine è un libro straordinario che ti guiderà in un viaggio affascinante nel mondo della mente umana e della fisica quantistica. Questa lettura avvincente ti porterà a esplorare le connessioni profonde tra la mente umana e i principi quantistici, aprendo nuovi orizzonti di conoscenza e comprensione.

Attraverso una prospettiva interdisciplinare che abbraccia la scienza, la filosofia e la spiritualità, l'autore John Valentine conduce il lettore in un'esplorazione approfondita dei misteri della coscienza umana e della sua possibile relazione con la fisica quantistica. Con una scrittura chiara e accessibile, Valentine presenta concetti complessi in modo comprensibile, permettendoti di immergerti completamente nel tema affascinante della connessione mente-quantistica.

Nel corso del libro, Valentine introduce i fondamenti della fisica quantistica, come la sovrapposizione, l'entanglement e il collasso della funzione d'onda, fornendo una base solida per comprendere le implicazioni che questi principi possono avere sulla nostra comprensione della mente umana. Esplorerai le diverse interpretazioni della fisica quantistica e come alcune di esse suggeriscono una connessione con la coscienza umana, aprendo porte a nuove prospettive sul concetto di realtà stessa.

Valentine si spinge oltre, offrendo idee originali e prospettive uniche sulla connessione mente-quantistica. Avrai l'opportunità di esplorare concetti come la coscienza come fattore attivo nella misurazione e nel collasso della funzione d'onda, il fenomeno della sincronicità e il suo possibile legame con la fisica quantistica, nonché le implicazioni filosofiche della non-località quantistica e il suo potenziale impatto sulla nostra comprensione della coscienza umana.

Inoltre, l'autore esamina il problema mente-corpo alla luce della fisica quantistica, offrendo nuove prospettive e provocazioni intellettuali sulla natura della coscienza. Valentine propone l'idea audace che la coscienza potrebbe emergere da processi quantistici complessi nel cervello, aprendo la strada a un nuovo modo di comprendere la nostra esperienza soggettiva.

"Mente Quantum Nuove Frontiere" non solo offre una panoramica dettagliata della connessione tra mente e fisica quantistica, ma stimola anche la riflessione su questioni etiche e filosofiche, suggerendo che la nostra comprensione della realtà e della coscienza può avere implicazioni profonde sul nostro senso di responsabilità etica e sulla nostra relazione con il mondo.

Con una visione originale, argomentazioni ben strutturate e un approccio accessibile, "Mente Quantum Nuove Frontiere" è un libro che non mancherà di affascinare e ispirare sia gli appassionati di scienza che coloro che sono interessati alla natura della coscienza umana e alla comprensione della realtà. Preparati a esplorare nuovi orizzonti di conoscenza e a mettere in discussione le tue concezioni tradizionali sulla mente, sulla realtà e sulla tua stessa esistenza.

Sia che tu sia un accademico in cerca di una lettura stimolante o un lettore curioso desideroso di esplorare territori sconosciuti, "Mente Quantum Nuove Frontiere" di John Valentine è un libro che sicuramente solleverà domande e stimolerà la tua mente. Preparati per un'avventura intellettuale che ti guiderà verso una nuova comprensione della connessione tra mente e fisica quantistica, aprendo la strada a un'esperienza di lettura unica e profondamente arricchente.

La Rivoluzione Del Reddito Universale: Esplorando L'equità Economica, L'innovazione Sociale E L'emancipazione Attraverso Un Nuovo Paradigma Sociale

Nel suo libro rivoluzionario, John Valentine ci conduce in un affascinante viaggio alla scoperta del reddito universale e del suo impatto sulla società moderna. Attraverso una prospettiva approfondita e ben documentata, Valentine esplora i molteplici aspetti di questa proposta innovativa, aprendo le porte a un dibattito cruciale sull'equità economica, l'innovazione sociale e l'emancipazione delle persone.

Valentine inizia introducendo il concetto di reddito universale, definendolo come un sostegno finanziario garantito fornito a tutti i membri della società, indipendentemente dal loro status o occupazione. Esamina le principali caratteristiche del reddito universale e delinea le sue potenziali implicazioni sulla riduzione della povertà, la sicurezza economica e la libertà di scelta.

Con uno sguardo attento alla storia e alle teorie che hanno plasmato il concetto di reddito universale nel corso del tempo, Valentine esamina le radici filosofiche ed economiche di questa proposta, mettendo in luce le prospettive adottate sia dai sostenitori che dai critici. Esplora i risultati di progetti pilota e studi condotti in diversi contesti per valutare l'efficacia e gli impatti del reddito universale, fornendo una panoramica equilibrata delle evidenze raccolte.

Il libro si spinge oltre l'analisi teorica, presentando una serie di proposte originali che pongono l'accento sulla sostenibilità finanziaria, l'adattabilità alle diverse realtà regionali, l'investimento nel capitale umano e l'incoraggiamento all'imprenditorialità sociale. Valentine sottolinea come il reddito universale possa non solo garantire un sostentamento di base, ma anche promuovere l'innovazione sociale, la partecipazione democratica e l'equità di genere.

Inoltre, Valentine offre una visione chiara delle sfide e degli ostacoli all'implementazione del reddito universale, riconoscendo l'importanza di una buona governance e di soluzioni pratiche per superare le resistenze politiche ed economiche.

Infine, nel capitolo finale, Valentine riassume le principali conclusioni emerse nel libro e offre prospettive future, invitando i lettori a considerare le implicazioni che potrebbero derivare dall'adozione o dal rifiuto del reddito universale. La sua scrittura appassionata e argomentata stimola la riflessione e invita i lettori a esplorare il ruolo trasformativo che il reddito universale potrebbe svolgere nel plasmare il nostro futuro sociale ed economico.

"La Rivoluzione del Reddito Universale" è un libro imprescindibile per chiunque sia interessato a comprendere appieno l'importanza e le sfide del reddito universale nell'attuale contesto socio-economico. Con una base solida di ricerca e una prospettiva equilibrata, Valentine fornisce un'analisi completa e approfondita di questo tema rilevante e urgente, aprendo la strada a un dibattito più ampio e informando le decisioni future sulle politiche sociali ed economiche.

Preparati ad essere ispirato, informato e coinvolto in una discussione che potrebbe ridefinire il nostro concetto di equità, libertà e sviluppo sociale. "La Rivoluzione del Reddito Universale" ti guiderà in un viaggio intellettuale illuminante e ti fornirà gli strumenti per comprendere e valutare la possibilità di un futuro più giusto ed equo attraverso l'implementazione del reddito universale.

Pnl Mentalità Vincente: Strategie Semplici Ed Efficaci Per Potenziare La Mente, Raggiungere Gli Obiettivi E Avere Successo Nella Vita. Riprogramma Il Subconscio

PNL Mentalità Vincente è un libro che offre numerosi vantaggi e benefici, scritto dall'autore John Valentine, che guida i lettori in un percorso di crescita personale attraverso la programmazione neurolinguistica (PNL).
La lettura di questo libro consentirà al lettore di acquisire una maggiore consapevolezza di sé e delle proprie capacità, e di sviluppare una mentalità vincente per raggiungere i propri obiettivi.

Attraverso esempi concreti e strategie di Programmazione Neuro-Linguistica (PNL), il lettore imparerà a gestire le proprie emozioni e a superare i limiti personali, raggiungendo così la piena realizzazione personale e professionale.

Inoltre, il libro offre una guida pratica per migliorare le relazioni interpersonali e comunicare in modo efficace, sviluppando così abilità di leadership e aumentando la propria autostima.

In sintesi, la lettura di PNL Mentalità Vincente permetterà al lettore di:

Acquisire una maggiore consapevolezza di sé e delle proprie

capacità

Sviluppare una mentalità vincente per raggiungere i propri obiettivi

Gestire le proprie emozioni e superare i limiti personali

Migliorare le relazioni interpersonali e comunicare in modo efficace

Sviluppare abilità di leadership e aumentare l'autostima

Questo libro è altamente raccomandato per coloro che vogliono migliorare la propria vita personale e professionale, acquisendo una mentalità vincente e raggiungendo la piena realizzazione.

Prepper: Sopravvivenza Potenziata: La Guida Definitiva Per Prepararti A Qualsiasi Emergenza E Vivere Con Sicurezza E Autonomia

"Prepper: Sopravvivenza Potenziata" è la guida definitiva per coloro che desiderano essere preparati per qualsiasi emergenza e vivere con sicurezza e autonomia. Scritto da John Valentine, un esperto nel campo del prepping e della sopravvivenza, questo libro offre un approccio completo e dettagliato per acquisire le competenze necessarie per affrontare ogni situazione di emergenza con fiducia e determinazione.

Nel caos e nell'incertezza del mondo moderno, essere preparati diventa fondamentale. "Prepper: Sopravvivenza Potenziata" ti guida passo dopo passo attraverso tutti gli aspetti della preparazione, dal riconoscimento delle minacce potenziali alla creazione di un piano di emergenza personale, passando per l'approvvigionamento di acqua, il procacciamento di cibo, la costruzione di un rifugio, l'accensione del fuoco, i primi soccorsi e molto altro ancora.

Valentine condivide le sue conoscenze approfondite sulle tecniche di sopravvivenza, offrendo consigli pratici su come ottenere e purificare l'acqua potabile, conservare il cibo a lungo termine, cacciare, pescare e raccogliere cibo in natura. Imparerai anche a costruire rifugi temporanei e permanenti per proteggerti dalle intemperie e ad accendere il fuoco in diverse situazioni. Inoltre, imparerai le basi dei primi soccorsi e come affrontare le ferite comuni in situazioni di emergenza.

Ma "Prepper: Sopravvivenza Potenziata" non si limita solo alle competenze di sopravvivenza di base. Valentine ti guida anche nella gestione dello stress e del benessere mentale durante le situazioni critiche, nell'orientamento in zone disabitate, nella difesa personale e nella protezione, nella gestione delle risorse limitate e nell'utilizzo delle tecnologie e degli strumenti disponibili per la sopravvivenza.

Questo libro è adatto a tutti, dai principianti che desiderano avvicinarsi al mondo del prepping ai preppers esperti che vogliono migliorare le proprie competenze. Le spiegazioni dettagliate, le istruzioni pratiche e i suggerimenti preziosi forniti da Valentine ti consentiranno di sviluppare un piano di preparazione personalizzato che si adatta alle tue esigenze specifiche e ti dà la tranquillità di sapere di poter affrontare qualsiasi situazione di emergenza.

Non importa se vivi in città o in campagna, se stai pianificando per un evento naturale, una pandemia o un disastro di origine umana, "Prepper: Sopravvivenza Potenziata" è la tua risorsa completa e affidabile per affrontare con successo qualsiasi sfida.

Il Guerriero Del Sapere: Attingi Al Vero Potenziale Della Tua Mente Con Il Pensiero Positivo

Questo manuale è la storia di un ragazzo e del suo avvincente e insolito percorso di vita. Nato e cresciuto in un'epoca nella quale la società sembra aver perso i valori e vive nell'ipocrisia e nella falsità, dettate da una mentalità basata su falsi ideali, il ragazzo si pone delle domande e cerca delle risposte utilizzando il proprio pensiero, guardando oltre quelle che sono le barriere imposte dalla società e dalla logica. È una capacità che possiamo alimentare, sviluppare, perfezionare e trasmettere, per migliorare il rapporto con sé, con gli altri e con la realtà che viviamo quotidianamente. Si può vivere con amore e positività ed essere felici e grati per questa meravigliosa e splendida avventura che è la vita.

www.ingramcontent.com/pod-product-compliance
Lightning Source LLC
Chambersburg PA
CBHW062341290526
45794CB00005B/2070